환경오염과 인간

김동하 지음

국민대학교 출판부
KOOKMIN UNIVERSITY

머리말

산업혁명이후 환경을 고려하지 않은 인간 활동으로 인하여 지구의 환경오염이 급격히 심화되고 있고, 이같이 오염된 환경에 의해 인류가 다시 피해를 입는 악순환이 거듭되고 있다. 급속한 산업 발전과정에서 각종 오염물질과 유해한 화학물질을 지구상에 방출시키는 행위는 인류의 건강을 위태롭게 하고, 생물자원과 생태계에 피해를 주며, 쾌적한 환경을 파괴하는 결과를 가져오고 있다. 환경오염으로 인한 지구규모의 피해가 나날이 심각해지고 있는 바, 이미 북극의 빙하는 상당부분 녹아져 버렸고, 수십년 이내에 완전히 사라질 수 있다는 예측도 나오고 있다. 따라서 현재 지구환경은 인류의 생존을 위협할 만큼 심각한 공해의 위기에 직면해 있으며, 이를 해결하는 문제가 국제사회 전체의 공통된 관심사로 대두되고 있다.

환경오염은 세계인구 증가와 더불어 세계보건기구(WHO)가 최근 발표한 급격한 인간 질병 증가의 주요 원인이다. 전 세계 사망률의 40%는 수질, 공기 그리고 토양 오염으로 인한 것이라는 Cornell 대학의 연구결과가 발표되기도 하였다. 세계인구의 절반 이상이 도시지역에 조밀하게 살고 있으며 대부분이 기본적 위생시설이 부족하여 여러 가지 전염성 질환에 노출되고 있다. 12억 인구는 깨끗한 물이 부족하며 수인성 질환이 전염성 질환의 80%를 차지한다. 수질오염 증가는 학질모기 서식지를 만들며 매년 120만에서 170만의 인구가 사망한다. 또한 매년 300만 명이 공기오염으로 사망한다. 비위생적 거주환경은 매년 500만 명의 사망원인이며 이 중 절반 이상이 어린이다. 스모그 및 다양한 화학물질로 인한 공기오염으로 매년 300만 명이 사망한다. 미국에서만 300만 톤의 유독물질이 환경으로 유입되며 이는 암, 선천성 기형, 면역계 결함 및 많은 치명적 질병을 일으킨다.

우리나라의 환경오염으로 인한 경제손실 규모가 경제협력개발기구(OECD)가 조사한 46개국 가운데 터키와 인도에 이어 세 번째로 큰 것으로 나타났다. 최근에만 하더라도 사대강 사업으로 인한 수질환경의 치명적인 파괴와, 가습기 살균제로 말미암아 수천명의 희생자가 발생하는 것과 같은 심각한 환경오염 피해를 겪고 있다.

환경과학과 환경공학은 궁극적으로 나날이 오염되어 가고 있는 지구환경을 보존하기 위한 학문이다. 현대사회가 고도화됨에 따라 인간생활권 즉 지구생태, 수질, 대기, 토양, 폐기물 등의 환경오염문제에 조속히 대처하고 해결하고자 하는 데 목표를 두고 있다. 전통적인 환경기술 분야인 대기, 수질, 폐기물뿐 아니라 에너지와 첨단 환경기술에 대해 소개, 인간과 자연 생태계의 조화로운 공존, 유해한 화학물질들을 비롯한 환경오염인자에 대한 평가와 예측 등 다양한 분야에 걸쳐서 연구가 추가적으로 이루어지고 있다.

그동안 환경관련 전공과 교양 과목을 강의하면서 적당한 교재가 없어 많이 불편하였기에 이번에 직접 본 서적을 집필하였다. 본 교과서에는 한 학기 동안 환경공학의 기초가 되는 다양한 분야를 다루고 있다. 특히 기존에 널리 알려진 수질, 대기오염과 더불어 지구규모의 오염인 산성비, 오존층 파괴, 지구온난화 분야도 기술하였다. 최근에 심각하게 대두되고 있는 화학물질에 의한 각종 오염, 식품첨가물, 실내공기 오염, 환경호르몬, 유전자 변형 식품인 GMO 등의 분야도 새롭게 포함시켰다.

이 책을 발행하는데 많은 도움을 준 국민대학교 출판부와 삼아인쇄 임직원에게 감사의 말씀을 전하고 싶다.

2017년 8월

저자 씀

목 차

제1장 환경오염 개론

1.1 환경의 정의

환경이란 "인간을 둘러싸고 있는 모든 사물과 상태"를 의미한다. 환경의 사전적 정의는 "유기체에 직.간접적으로 영향을 주는 모든 것"으로, 이는 생활체를 둘러싸고 그와 일정한 접촉을 맺는 외계, 자연적 환경과 사회적 환경을 포함한 종합적인 것이라 할 수 있다. 환경은 좁게는 우리의 가까운 주변을 의미하고, 넓게는 지구뿐만 아니라 우주를 포함한다.

환경(環境)이라는 한자를 통해 둘러싸인 구역 혹은 경계나 사람의 생활체를 둘러싸고 있는 사물, 사정, 상태라는 의미를 지니고 있음을 알 수 있다. 영어 단어 environment 역시, en(=in) + viron과 같이 '어떤 사물을 둘러싸고 있는 주변'이라는 의미를 지니고 있다. 환경에 포함된 모든 실체들은 서로 주체와 객체라는 상대성을 지니며, 주체에 대한 객체를 환경이라 정의할 수 있다.

환경이란 자연의 상태인 자연환경과 사람의 일상생활과 밀접한 관계가 있는 생활환경으로 구성된다. 즉, 우리 인간이 호흡하는 공기, 마시는 물, 먹을 것을 얻는 땅과 우리가 생활하고 즐기는 대상인 산, 강, 바다, 나무 등을 말하며, 그리고 생활하는 공간, 의복, 식량, 교통 수단 등 실로 다양한 것들이 환경에 포함된다. 우리나라 환경정책기본법에는 <표 1-1>과 같이 환경을 자연환경과 생활환경으로 분류하고 있다. 여기서 자연환경(natural environment)은 지하, 지표, 해양 및 지상의 모든 생물로 구성된 생물환경과 이들을 둘러싸고 있는 대기, 물, 토양과 같은 무생물환경을 포함한다. 한편, 생활환경(living environment)은 대기, 물, 폐기물, 소음진동, 악취 등 우리들의 일상생활과 관계되는 환경을 일컫는다.

표 1-1 환경의 분류

환경정책 기본법		유엔 환경 계획 기구	
자연환경 (Natural)	생물환경 (Biosphere) 무생물환경 (Non-Biosphere)	자연환경 (Natural)	대기 (Atmosphere) 대양 (Ocean) 물 (Water) 암석권 (Lithosphere) 육상 생태권 (Terrestrial biota)
생활환경 (Living)	대기 (Atmosphere) 물 (Water) 폐기물 (Waste) 소음 (Noise) 진동 (Vibration) 악취 (malodor)	인간환경 (Man and the Env.)	인구 (Population) 주거 (Human settlement) 건강 (Human health) 생물계 (Bioproductive system) 산업 (Industry) 에너지 (Energy) 운송 (Transport) 관광 (Tourism) 환경교육 및 홍보

1.2 환경오염의 원인

1.2.1 인구의 급격한 증가

인구의 증가는 식량 및 에너지 사용에 의한 자원고갈의 주범이며 환경오염의 주된 원인이다. 인류는 지금으로부터 약 6만 년 전, 지구상에 출현하였으며, 오랜 수렵·채취사회를 거쳐 10,000년 전에 농업생산을 시작하였다. 이러한 농경사회는 1700년대의 산업혁명을 거치며 산업사회로 전환되었다.

지금으로부터 약 1만 년 전, 신석기시대에 인류는 처음으로 정착 생활을 시작한다. 그 당시 지구상의 인구는 1천만 명 정도로 추산된다. 이때부터 인류는 한 지역에 정착해 천연자원을 이용하고 조절하는 방법을 습득하기 시작하였다. 농경생활의 시작은 인구 증가의 첫 번째 계기가 된다. 산업혁명 이전까지 인간 활동에 의한 환경 변화는 대다수가 지역적이었고 느리게 진행되었다. 또한 전염병, 기근, 전쟁이 빈번하게 발생하고,

의학이 발전되지 않아 사망률이 매우 높았다. 그러므로 매우 느리게 인구가 증가하였다. 산업혁명이 시작되기 이전인 1650년대의 세계 인구는 약 5억명으로 추산된다.

1650년경 5억의 인구가 1820년경에 10억의 인구로 증가하는 데는 300년이 걸린데 비하여, 20억의 인구로 증가하는데 100년(1930년), 40억의 인구로 증가하는데 40년(1975년)이 소요되어, 산업혁명 이후 세계 인구는 <그림 1-1>과 같이 급격하게 J자 형태로 증가하였다. 1986년의 세계 인구는 50억 명이었으나 1997년에는 60억 명, 2010년에는 75억 명에 도달하고 있다. 이러한 급속한 인구증가의 주요원인은 농업의 발달 및 질병의 감소와 의술의 진보로 인한 사망률 감소와 평균수명의 증가 때문이다.

지수성장 조건에서 인구가 두 배로 늘어가는 데 걸리는 시간을 계산하는 방식으로 70의 법칙이 있다. 70을 인구의 평균증가율로 나누면 인구가 2배로 늘어나는 기간을 구할 수 있다. 예를 들어, 2000년도의 세계인구 증가율은 1.35%인데, 이 증가율이 계속된다고 가정하면, 70/1.35 = 51.85년, 즉 2052년 경 세계의 인구는 140억으로 증가하게 된다.

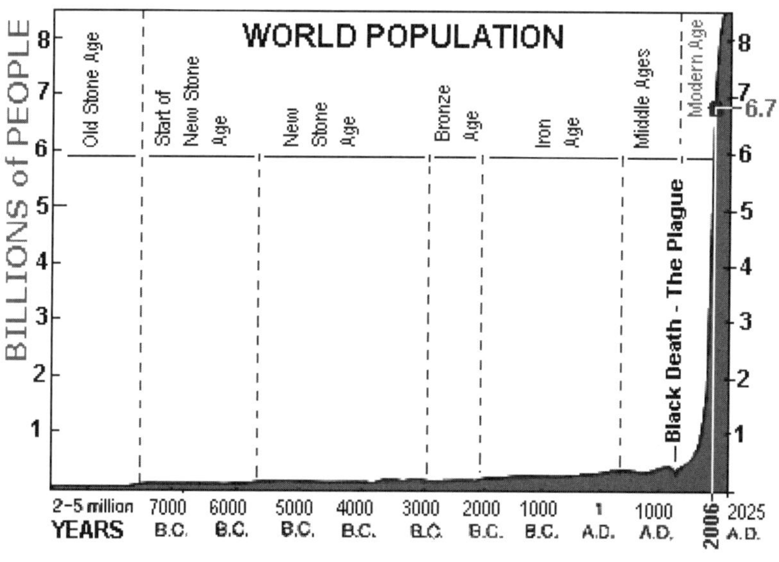

그림 1-1 지구상에서의 인구 성장 곡선

출처 : http://one-simple-idea.com/Environment1.htm

인구의 증가는 인간의 물질대사 과정에서 발생하는 오염물(분뇨 등)의 양을 증가시킬 뿐만 아니라, 인간의 생활을 유지하는 과정에서 배출되는 오염물(세탁수, 하수, 청소수 등)의 양도 증가시키고 있다. 전 인류의 4분의 1은 풍요로운 생활을 영위하고 있으나, 나머지 4분의 3은 마셔서는 안 되는 물을 마시며 깨끗하지 못한 환경에서 살고 있다. 또한 세계 인구의 3분의 1이 영양실조와 기아에 시달리며 전쟁의 위협 속에서 지내고 있다. 이런 현대사회를 인구(population), 빈곤(Poverty), 오염(Pollution)이라는 뜻의 3P 시대라 부르기도 한다.

현재의 추세를 유지할 경우 2050년에는 자원의 고갈, 인구성장의 멈춤, 식량감소, 산업생산성 감소, 공해 등 다양한 문제가 발생할 것이며, 이런 상태가 지속되면 2100년경에는 자원과 식량이 바닥에 달하고 모든 성장이 멈추게 될지도 모른다(<그림 1-2> 참조).

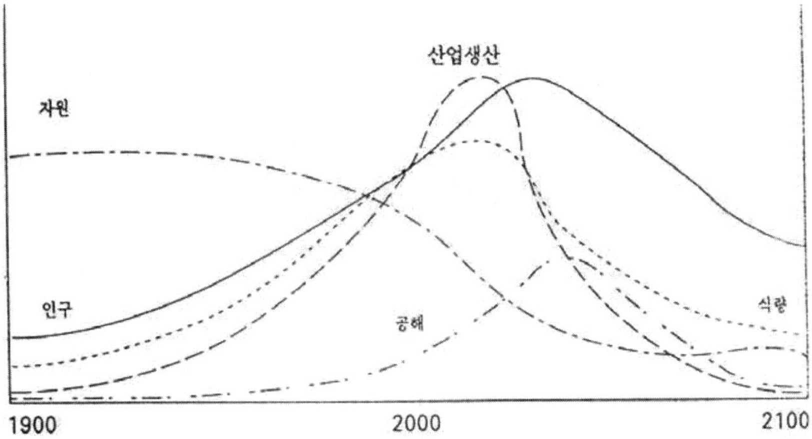

그림 1-2 **성장의 한계 모형도(「지구의 위기」, 1992)**

1.2.2 산업화 및 도시화

지구적 환경위기는 18세기 산업혁명 이래 인간이 대규모로 지구의 자연자원을 이용하면서 시작되었다. 18세기에 산업혁명이 시작되고, 영국에서는 빠른 공업화로 인해 농촌 인구의 대부분이 도시로 밀려들기 시작하면서 도시의 인구가 폭발적으로 증가했고, 이에 따라 생활 폐수는 물론 화석 연료 사용에 따른 대기오염까지 발생하게 되었다. 산업혁명 이전에는 1차 산업이 중심이었기 때문에 폐수와 폐기물이 발생하더라도 자연환경의 자정능력으로 대부분이 정화되었다. 그러나 산업혁명 이후 2, 3차

산업 중심의 대규모 경제성장은 인류의 생활수준을 향상시킨 반면에 자원의 수요급증과 고갈을 초래하고, 자정능력을 넘는 폐수와 폐기물을 배출하여 환경오염을 가속시키고 있다. 산업혁명 당시 영국에서는 무려 1만 2천여 명의 사람들이 만성 폐 질환과 호흡장애로 생명을 잃는 등, 환경오염은 심각한 수준이었다.

산업사회의 생활형태가 지구환경에 미친 영향은 그 이전에 비해 엄청나게 컸다. 산업사회에서 현대의 고도산업사회에 이르는 동안 인구증기, 자원의 고갈, 환경오염 그리고 인간성의 상실 등이 가속화 되었다. 인류의 활동은 지역적으로 자연환경을 변화시켰고 야생생물의 멸종 혹은 개체수의 급격한 감소를 초래하였다.

도시화는 도시적 생활양식을 향유하는 인구의 증가로 파악할 수 있으며 도시화의 진행은 산업화와 밀접한 연관을 가진다. 산업의 발달은 많은 노동력을 필요로 하고 이에 따라 많은 인구가 좁은 도시지역에 집중된다. 좁은 지역에 많은 인구가 거주함으로써 거주 공간 확보를 위한 녹지공간의 잠식, 대기오염, 수질오염 등 환경의 파괴와 교통, 주택, 상하수도, 분뇨처리 등의 문제를 일으킨다.

도시는 외부 환경재의 지속적인 공급이 없을 경우 존속할 수 없는 종속영양체의 성격을 갖고 있다. 즉, 대량의 자원과 에너지를 소비하며, 지속적으로 오염물질을 배출하는 특징을 갖고 있다. 콘크리트 구조물과 아스팔트로 덮여있는 환경특성상 복사열이 도시 내에 축척되며, 외부의 공기가 원활하게 유입되지 못해 도시의 열섬(heat-island) 현상이 발생하기도 한다. 장기간에 서서히 도시화가 이루어진 선진국보다 최근 들어 단기간에 급속하게 도시화가 진행되고 있는 개발도상국의 경우 도시화의 문제는 더욱 심각하다.

1.2.3 대량생산과 대량소비

산업혁명 이후 각종 제품을 생산할 수 있는 생산력은 급속하게 향상되었으며, 경제발전과 소득수준의 향상은 일상생활에 필요한 에너지와 물질의 소비량을 증대시키고 있다. 특히, 편리함만을 추구하는 인간의 속성 때문에 한 번 사용한 후 버리는 타입의 1회성 상품이 점점 증가하고 다양해지는 추세다. 산업혁명 이전의 환경문제는 주로 나무의 사용에 의한 숲의 파괴였으나 이는 국지적이고 비가역적인 것이었다. 즉, 자연적 복구가 가능하였다. 그러나 산업혁명 이후 현대의 고도성장 시대의 환경문제는 대부분 규모가 크며 비가역적 특징을 가지고 있기 때문에 지구의 자정작용에 의한 자연적 복구가 불가능하다.

과학기술의 발달은 대량생산과 대량소비를 가능하게 하는 원동력이 되었고, 이는 다시 폐기물 발생량 증가로 이어지고 있다. 신기술 개발 및 시장수요의 변화에 따라 제품의 life-time이 축소되어 자원의 소비가 늘어나고 있으며, 폐기처분 되는 제품의 양이 생태계 분해 능력 범위를 초과하면서 환경 생태계에도 장기적인 부담이 가해지고 있다.

현대화된 소비생활의 수요를 충당하기 위해서는 막대한 양의 원료와 에너지가 필요하다. 우리에게 에너지를 제공하는 석탄, 석유, 천연가스 등은 최소 수백만 년에서 수억 년 전에 만들어진 것이다. 지질작용에 의해 이들 자원이 새로 만들어지려면 최소한 앞으로 수백만 년 이상이 걸릴 것이므로 이들은 재생 불가능 자원이다.

석탄은 상업용 에너지의 30%를 차지하며, 연소 시 이산화탄소 및 황과 분진을 가장 많이 배출하기 때문에 지구온난화 및 산성비 등의 환경문제에 가장 많이 영향을 미치는 에너지원이다. 세계 상업용 에너지의 40%를 이루는 것은 석유 자원이다. 석유는 자동차, 난방 그리고 화학비료, 플라스틱, 스티로폼 등의 석유화학 제품 제조에 사용된다. 전 인류가 지금과 같은 추세로 사용한다고 가정할 때 이들 화석연료는, 석탄이 200~230년, 석유가 20~30년, 천연가스는 40년 정도 사용하면 고갈될 것이다.

현대사회는 고도의 산업사회이다. 경제가 성장함에 따라 한 사람이 소비하는 자원의 양이 늘어나고 있지만, 인간이 사용하는 제품의 생산에 필요한 자원은 유한하며, 모두 재생 가능한 것은 아니다. 인구가 증가하고 자원의 소비량이 커지면 폐기물, 즉 쓰레기의 발생량도 증가한다. 특히 편리성으로 인하여 전 세계적으로 1회용품의 사용량이 크게 늘어났는데, 이러한 1회용품은 사용 후 재생이 어려운 것은 물론, 소각 처리 시에는 대기오염이 발생한다. 또, 1회용품 생산에 사용되는 합성수지는 매립 후에도 자연분해 되기까지 수백 년이 걸리기 때문에, 매립 시에도 환경오염을 유발한다.

1.2.4 과학 기술의 발전

제2차 세계대전 이후 급속도로 발전한 과학기술은 산업현장에 접목되어 대량생산과 대량소비체제를 가능하게 하는 한편, 빠른 속도의 자원고갈 및 대량소비로 인한 폐기물 발생이라는 결과를 가져왔다. 의료기술이나 치료약의 개발과 같은 의학 분야의 발전은 유아사망률의 감소와 평균수명의 증가로 이어져 인구증가의 발판을 제공하였다.

또한 현대과학으로 합성된 새로운 물질은 약품, 농약, 비료, 건축자재, 페인트, 플라스틱, 기타 여러 가지 생활용품 등 다양하며 그 양이 엄청나다. 이들 제품은 생산과정에서 오염물질이 발생할 수 있으며 사용 후 쉽게 분해되지 않는 것이 많다. 예컨대, 합성플라스틱이나 DDT 등의 물질은 분해가 어려워 자연계에 오래 머무르며 환경에 축적되어 생태계를 파괴시키거나 인간에게 해를 입히기도 한다.

1.2.5 지속 가능한 발전

인류문명의 발전은 자연환경의 개발을 통해 가능하였다. 그러나 자연환경이 유지되는 기제에 대한 전반적인 고려 없이 개발에만 치중한 나머지 기권(氣圈)과 수권(水圈) 그리고 토양권(土壤圈)의 변화가 초래되어 환경의 파괴가 심각해지고 있다. 지금까지의 개발은 지구환경과 미래세대를 고려하지 않고 현재 지구상에 살고 있는 사람들의 욕구만을 충족시키려 했던 지속 불가능한 개발이라고도 할 수 있다.

1992년 6월, 브라질의 리우데자이네루에서는 세계 150여 개국의 대표가 모여 환경적으로 건전하고 지속가능한 개발(Environmentally Sound Sustainable Development, ESSD)을 달성하기 위한 리우선언과 21세기 환경보전 실천 강령인 '의제 21(Agenda 21)'을 채택하였다. 지속 가능한 발전이란 환경 보호와 상호 연계되어야 한다. 즉 환경을 보호하고 개선하는 가운데 인류문명의 발전을 도모해야 한다는 것이다. 환경과학에서는 이처럼 환경을 파괴하지 않으면서 현대인의 요구조건을 충족시킬 수 있는 방법인 지속 가능한 발전에 대하여 배우게 될 것이다.

환경 측면에서 지속 가능한 사회는 자연자원의 고갈이나 감소가 없이 구성원의 기본 욕구를 충족시키며, 더 나아가 현재와 미래 세대 그리고 다른 생물의 욕구 충족에 어려움을 주지 않는다. 또, 지속 가능한 생활이란 수입을 제공하는 자연 자본을 고갈시키지 않는 범위 내에서만 생활하거나 개발하는 것을 의미한다.

1.3 환경오염의 특성 및 영향

1.3.1 환경오염의 정의

환경(環境, environment)이란, 생물이나 인간을 둘러싸는 바깥의 모든 것 가운데 생물이나 인간의 생존 및 행동과 관계있는 여러 요소와 조건의 전체를 말한다. 또한 지구 생명체를 부양하는 시스템(life support system)으로서 태양자본과 지구자본을 의미한다. 태양자본이란 태양에너지를, 자연자원 혹은 자연자본은 지구의 공기, 물, 토양, 야생생물, 광물, 자연정화, 재순환 등을 가리킨다.

환경오염(environmental pollution)은 인간이나 다른 생물체의 건강, 생존 또는 활동을 위협하는 물질이 대기, 물, 토양 및 음식 등으로 유입되는 현상을 말하며, 인간이나 다른 생명체를 포함한 지구 전체의 항상성의 균형을 깨뜨리는 모든 행위 및 물질들도 이에 포함된다. 다시 말해, 인간의 생활이나 생산, 소비 과정에서 배출되는 물리적, 화학적, 생물학적 물질 (예, 매연, 분진, 악취, 소음, 오물, 폐기물, 방사능물질 등)들이 환경이나 생물에 노출되어 악영향을 주는 현상을 환경오염이라고 하며, 이때 오염을 일으키는 물질을 오염물질(pollutant)이라고 한다.

과거의 환경오염은 크게 토양, 수질, 대기, 폐기물오염으로 구분하였다. 이들 오염은 독립적이라기보다 서로 연계되어 있다. 예를 들면, 플라스틱 소각 시 매연으로 대기가 오염되고, 이러한 대기 중의 오염물질은 자연적으로 강하하기도 하고 빗물에 용해되거나 씻겨 토양이나 물을 오염시킨다. 식물이나 동물의 체내에서 축적되며 최종적으로는 인간이 피해를 입게 된다. 최근에 와서는 화학물질, 식품첨가제, GMO, 전자파, 방사능 등에 의한 오염현상이 심각해지고 있다.

대표적인 환경오염 문제로는 산성비, 오존층 파괴, 지구온난화에 따른 기상이변, 황사 및 미세먼지, 식품 오염, 방사능, 환경호르몬 등이 있다. 특히 환경호르몬 오염은 새롭게 대두되는 중요한 환경문제이다. 환경호르몬은 호르몬과 유사한 작용을 하는 물질을 주로 말하는데, 이는 인간에 의하여 생산된 뒤 자연에 유출되어 생태계에 나쁜 영향을 주고 있다. 환경호르몬은 지용성이고 분해가 잘 이루어지지 않아 생태계에 유입되면 오랫동안 잔류하고, 생물체내에 농축되는 특징 등이 있는 경우가 많아 그 문제가 더욱 심각하다

환경공학(environmental engineering)은 환경오염에 의한 악영향으로부터 환경(수질, 대기, 토양, 해양, 생태계 등)을 보호하기 위하여 환경오염의 발생 예방, 사후처리 및 사후관리를 하는데 필요한 기술이나 이론을 다루는 학문이다.

1.3.2 환경오염의 특징

환경이 갖고 있는 특성을 살펴보면, 첫째 환경은 상호 관련성이 있다. 즉 상호 작용하는 여러 변수들에 의해 문제가 발생하며, 상호간에 인과관계가 성립되고 서로가 관련되어 있어 문제 해결에 어려움이 있다. 예를 들어 인구증가로 인한 식량증산, 대량생산과 대량소비, 성장위주의 개발과 과학기술의 발달은 상호 관련되어 상승작용을 일으킴으로써 환경오염 문제를 증폭시키고 있다.

둘째, 환경문제는 광역성이 있어 공간적으로 넓은 영향권을 형성한다. 오늘날 환경문제는 어느 한 지역, 한 국가만의 문제가 아니라 범지구적, 국제간의 문제이며, 좁게는 어느 지역의 문제로 넓게는 인접국가간의 문제로 영향을 미친다. 예를 들면, 중국의 대기오염과 황사는 우리나라의 토양 산성화와 대기오염을 유발하고 있다. 미국 서부의 공업단지의 대기오염이 캐나다 산림파괴와 호소의 산성화를 유발하였던 사건도 있었다. 뿐만 아니라 이산화탄소 배출로 인한 지구 온난화 현상과 프레온 가스 배출에 의한 오존층의 파괴는 지구촌 전체에 영향을 미치고 있다.

세 번째 특징은 장기성과 시차성으로, 환경문제는 문제 발생 후 이로 인한 피해가 현실에 나타나기까지 상당한 시차가 존재하는 경우가 많다. 비록 희석이 되어 인체에 해롭지 않은 수준의 농도라도 환경오염물질이 대기나 수계 또는 토양에 유입되고, 이것이 장기간 축적되면, 나중에 인체에 해를 끼칠 수 있다. 또한 오염물질의 생물농축 현상이 이어져 먹이사슬 단계에 따라 고농도로 축적되면 이들 생물을 섭취하는 사람에게 안 좋은 영향을 주기도 한다. 이처럼 환경오염의 피해는 오염물질이 배출되고 오염이 발생한 시점부터 몇 십 년 후에야 그 피해가 드러나는 경우가 많고, 이런 경우 환경의 회복에도 아주 긴 시간이 필요하다.

미국의 러브 케널 사건의 경우, 유해폐기물을 매립한 후 30~40년이 지난 후에 그 피해가 발생하였다. 일본에서 카드뮴 중독에 의해 발생한 공해병인 이타이이타이(痛い痛い)병이 있다. 이 경우 카드뮴 방출의 원인이 되는 제련공장은 1920년에 세워졌는데 카드뮴 중독에 의한 골연화증 환자는 1955년에 발생하였다. 미나마타 병의 경

우, 1956년 미나마타 만(灣) 주위의 마을에서 처음 발견되었다. 원인을 알 수 없는 신경증상으로 고통 받고 있다는 첫 환자 발생보고 이후, 일본정부는 1968년이 되어서야 미나마타병이 메틸수은 화합물에 의한 중추신경계 중독병이라는 공식견해를 발표하였다. 산업폐수에 포함된 수은이 미나마타만을 오염시키고, 먹이사슬을 통해 물고기나 다른 해양생물에게 축적되어 수십년이 지난 다음에 주민들이 미나마타 병 피해를 입게 되었으며, 피해 발견후 그 원인이 규명되는데 다시 12년의 시간이 걸렸다.

네 번째 특징으로는 비가역성을 들 수 있다. 오염물이 자연에 투기되면 자연은 이를 배타적인 요소로 인식하고 오염물을 상쇄시키기 위해 자연치유적인 처리작용을 실시하는데 이를 자연정화 작용이라고 한다. 그러나 환경의 자연정화능력을 초과할 정도로 많은 오염물질이 유입되면 과부하가 걸려 자정작용이 불가능해진다. 자연의 정화능력은 물리, 화학, 생물학적 인자의 공동 작업이며 그 어느 한 부분이 과부하로 인해 파괴되면 연쇄적으로 치유능력을 상실하게 되고 곧 이어서 자연은 원상태로 회복하기 힘든 비가역적인 상태가 된다. 예를 들어, 하천이나 호수에 유기물 또는 질소와 인 등의 영양염류가 과잉 공급되면 식물성 플랑크톤이나 조류가 대량으로 번식(부영양화 현상)하여 수질을 악화시킨다. 또한 조류의 사멸로 인하여 호수 속의 용존산소가 대량으로 소모되어 결국 어패류의 집단폐사로 이어진다.

다섯 번째 특징으로는 불특정 다수의 피해가 발생한다. 도시에서 대기오염에 의한 호흡기 질환자가 발생하거나, 상수원 보호구역에 공장폐수를 무단 방류하였을 경우 피해자는 불특정다수의 시민이다. 화석연료 사용으로 대류권의 이산화탄소 농도가 증가해 발생하는 지구 온난화 현상, 프레온가스의 방출에 의한 성층권 오존층 파괴, 산성비 문제 등은 피해자가 모두 불특정 다수의 지구인이다.

1.3.3 환경오염의 영향

생물지구화학적 순환은 생물권(biosphere - 동물이나 식물의 존재에 의하여 특징되어지는 지구의 부분), 대기권(atmosphere), 수권(hydrosphere - 지구의 해양 및 기타의 수계) 및 암석권(lithosphere - 지구표면의 단단한 부분)을 통하여 다양한 원소들이 순환하는 것을 말한다. 환경오염의 증가로 인하여 생물지구화학적 순환(biogeochemical cycle)에 회복할 수 없는 변화와 피해가 발생할 가능성이 높아지고 있다. 예를 들어 석탄 같은 화석연료의 연소에 의하여 대기권내 이산화탄소 농도가 증가하였으며 그 결과 산성비 피해나 지구온난화현상이 심각해지고 있다. 프레온가스 사용으로 인한 오존층의 파괴 현상이나 방사능 오염, 이상기온 현상 등도 전 지구적인 문제로, 점점 더 심각해지고 있다.

환경오염은 대부분의 식물에게 악영향을 끼치며, 그 결과 농산물 생산량의 감소 또는 병충해 피해 증가와 같은 문제가 발생한다. 식물 영양성분인 질소, 인 등이 수생생태계에 과도하게 유입되면, 조류가 급격히 증가하여 녹조나 적조 등의 부영양화 현상을 초래하기도 한다.

대기오염 물질은 인간은 물론 동물에게도 다양한 호흡기 질환을 가져온다. 또한 수질오염 물질도 수중생물에 위협을 주는데, 도시 하수 및 산업폐수로 인하여 매년 수백만 마리의 물고기가 죽고 있다. 오염의 일부 형태는 인간에게 영향을 주지 않는 수준으로도 동물에게 영향을 미치기도 한다. 하천이나 호수의 열오염은 물고기를 죽일 수 있으며, 생물학적 농축현상에 의하여 조류(鳥類) 체내에 농축된 농약성분은 조류의 번식률을 크게 줄이기도 한다.

인간은 가정, 직장 또는 환경 속에서 생활하면서 다양한 오염물질에 노출되어 있다. 급성효과(acute effects)는 노출 후 즉각 나타나며, 높은 농도의 노출로 인하여 발생한다. 반면, 만성효과(chronic effects)는 오랫동안 지속적으로 나타나며, 일반적으로 낮은 농도의 노출에 기인한다. 인간에 대한 오염물질의 독성효과는 암, 돌연변이(태아의 이상변화), 기형아 출산 및 유산 등을 포함한다. 최근에 와서는 환경오염과 관련이 있는 질환으로 아토피, 알레르기, 천식 등을 거론하고 있다.

제2장 환경과학의 기초

2.1 원소와 몰

2.1.1 원자와 원소

원자(atom)는 물질을 구성하는 기본 단위이다. 원자는 화학적인 방법으로 분해할 수 없는 가장 기본적인 원소이며 화학반응을 일으킬 수 있는 가장 작은 단위이다. 원자번호는 원자핵 속에 들어있는 양성자의 수를 뜻하며, 원소의 기본 성질이 된다. 중성인 원자는 핵 내의 양성자 수와 동일한 수의 전자를 가지고 있다. 예를 들면 원자번호 6인 탄소(C)는 6개의 양성자와 6개의 전자를 가진다.

한 종류의 원자로만 구성된 순물질을 원소(element)라고 한다. 한 원소는 원자번호가 같은 원자로만 이루어졌다. 그런데, 같은 원소에서 중성자 수가 달라 질량수가 다른 것이 있다. 영국의 화학자 소디(1877~1956)는 이런 원소들을 주기율표에서 같은(同, isos) 자리(位, topos)에 있다는 뜻으로 동위원소(同位元素, isotope)라 명명하였다. 탄소의 경우, 질량수가 12와 13인 동위원소가 98.9%와 1.1% 비율로 존재하며, 질량수 14인 동위원소도 미량 존재한다. 수소의 경우는 질량수가 1(보통 수소, protium, H)과 2(중수소, deuterium, D)인 동위원소가 각각 99.99%와 0.01%의 비율로 존재하며, 질량수 3(삼중수소, tritium, T)인 동위원소도 미량 존재한다.

동위원소가 없을 경우 원자=원소가 된다. 동위원소가 있을 경우에는 원소라는 그룹 속에 여러 개의 원자들이 존재하게 된다. 예로 들면, 수소 원소 그룹 속에는 3개의 원자(수소, 중수소, 삼중수소)가 존재한다.

2.1.2 원자량과 분자량

원소번호는 원자핵 속에 들어 있는 양성자의 개수를 나타내며, 각 원소 고유의 기본성질을 나타낸다. 원자는 양성자, 중성자, 전자로 구성된다. 일반적으로 양성자와 중성자의 질량은 거의 같기 때문에 원소의 질량은 양성자+중성자의 합으로 계산한다. 예를 들면 원자 번호 6인 탄소는 6개의 양성자와 6개의 전자를 가지며, 질량수는 12가 된다. 국제 협약에 의해 탄소원자를 원자량의 기준물질로 삼아 그 원자량을 12.000단위로 정하였다. 그러므로 원자질량단위(atomic mass unit ; amu)는 ${}^{12}_{6}C$ 원자 1개의 질량의 1/12로 정의되며, 1원자량(amu)의 질량은 $1.66057 \times 10^{-24} g$에 해당한다. 대표적인 원소들의 원자량은 <표 2-1>과 같다.

표 2-1 원소들의 원자량(탄소-12 기준)

원 소	기 호	원자량(amu)	원 소	기 호	원자량(amu)
알루미늄	Al	26.98154	마그네슘	Mg	24.305
칼슘	Ca	40.08	질소	N	14.0067
탄소	C	12.011	산소	O	15.9994
염소	Cl	35.453	인	P	30.97376
수소	H	1.00794	나트륨	Na	22.98977
철	Fe	55.847	황	S	32.06

분자는 물질고유의 성질을 나타 내는 최소단위를 말한다. 물 분자는 하나의 산소 원자와 두 개의 수소 원자로 이루어진다. 이 물 분자를 수소와 산소로 쪼개면 물로서의 특성은 사라지게 된다. 물질의 분자량(molecular weight : MW)은 화합물의 화학식에 표시된 원자들의 원자량을 전부 더한 값이며 원자질량단위(amu)로 표시된다. 어떤 화합물의 분자량을 계산하기 위해서는 그 화합물의 정확한 화학식과 각 원소의 원자량을 알아야만 한다. 예를 들어, 물(H_2O)와 황산(H_2SO_4)의 분자량은 다음과 같이 구할 수 있다.

H_2O : H:2원자×1amu/원자 = 2amu
O:1원자×16amu/원자 = 16amu
물의 분자량 = 18amu

H_2SO_4 : H:2원자×1amu/원자 = 2amu

S:1원자×32amu/원자 = 32amu
O:4원자×16amu/원자 = 64amu
황산의 분자량 = 98amu

2.1.3 몰(mole)

지금까지 우리들은 원자와 분자의 질량을 논의할 때 원자질량단위(amu)를 사용해 왔다. 그러나 실제로 실험실에서 원자나 분자를 각각 낱개로 측정하는 것은 대단히 어렵기 때문에 화학자들은 물질의 무게를 원자질량단위가 아닌 그램(g) 단위로 표현하는 방법을 강구하게 되었다. 화학에서 원자나 분자 등을 다룰 때 사용하는 단위가 바로 몰(mole)이다. 1몰(mole)은 정확하게 $^{12}_{6}C$ 12.00g속에 포함되어 있는 원자 수와 동일한 개수를 포함하는 물질의 양으로 정의한다. $^{12}_{6}C$의 원자수는 6.022×10^{23}개이고 이를 Avogadro수(Avogadro's number : NA)라고 한다. 어떤 물질 1몰은 Avogadro수 만큼의 그 물질 개수(個數)를 포함하고 있다.

물질의 몰 질량(molar mass)은 물질 1몰의 질량이다. $^{12}_{6}C$는 정의에 의하여 정확하게 12.00g의 몰 질량을 가진다. 모든 물질의 몰 질량은 원자질량단위로의 분자량(혹은 화학식량) 만큼의 그램 질량 값을 갖게 된다. 즉 수소 원자(H) 1몰은 1g, H_2 분자 1몰은 2g, 산소 원자(O) 1몰은 16g, 물(H_2O) 1몰은 18g, 이산화탄소(CO_2) 1몰은 44g이 된다.

2.2 용액의 농도표시

2.2.1 용액

용액(solution)은 넓은 의미로는 기체, 액체, 고체가 서로 녹아있는 경우를 말하나, 좁은 의미로는 물속에 오염물질이 녹아 있을 때와 같이 액체 속에 기체나 고체가 녹아 있는 경우를 말한다. 기체나 고체가 액체에 녹아 있을 때 기체나 고체와 같이 녹는 물질을 용질(solute)이라고 하고, 물과 같은 액체는 용매(solvent)라 부른다. 소금물의 경우 염화나트륨(소금)은 용질이고 물은 용매이다.

용액 = 용질 + 용매
소금물 = 소금(염화나트륨) + 물

표 2-2 여러 가지 용액의 예

용 액	물질의 상태	설 명
공기	기체	기체의 균일 혼합물
소다수	액체	기체(CO_2)가 액체(H_2O)에 녹은 것
물속의 에탄올	액체	둘이 완전히 섞인 용액
바닷물	액체	고체(NaCl)가 액체(H_2O)에 녹은 것
치과용 합금	고체	액체(Hg)가 고체(Ag+다른 금속)에 녹은 것
금-은 합금	고체	두 고체(Au+Ag)의 용액

2.2.2 용액의 농도

어떤 성분이 용액 내에 어느 정도 존재하는가를 정량적으로 기술하려면 각각의 성분량을 알아야 한다. 보통 용액의 성질은 존재하는 물질의 절대량에 의존하지 않기 때문에 성분의 상대적 양만을 명시한다. 물질의 상대적 양은 농도(concentration)라 하고 보통 다음과 같은 단위들을 사용한다.

질량 백분율(weight fraction or weight pecentage)은 용액의 단위질량 속에 함유된 용질의 질량으로 정의한다. 예를 들면 소금 10% 수용액은 물 90g당 소금 10g 즉 용액 100g에 소금 10g이 용해되어 있는 것을 의미한다. 수용액의 경우 1% 농도는 물 1리터 속에 오염물 10그램이 녹아있는 것을 의미하며, 10그램은 10000미리그램에 해당하므로 10,000mg/L로 표현 할 수 있다.

$$\text{질량백분율}(wt\%) = \frac{\text{용질의질량}}{\text{용액의질량}} \times 100$$

예제 물 100g속에 염화나트륨 Nacl 15g을 포함하는 용액이 있다. 이 용액에서 NaCl의 질량 백분율 얼마인가?

풀이 용액의 전체 질량은 15g+1mg=115g이다. 15g NaCl의 백분율은 13%가 된다.

$$\frac{15g\ NaCl}{115g\ \text{용액}}\times 100\% = 13\%\ NaCl$$

액체 중 물질의 농도는 혼합물의 질량 당 물질의 질량으로 표현되기도 하며 일반적으로 ppm(part per million)이나 ppb(part per billion), ppt(part per trillion)의 단위를 사용한다. 1ppm은 용질 1mg이 용매 1kg속에 포함되어 있는 상태이다. 1ppb는 1ppm의 1천분의 1농도이며, 1ppt는 1ppb의 1천분의 1농도를 나타낸다. 물과 같이 용질의 비중이 1인 경우 ppm과 mg/L는 같은 의미가 된다. 수질검사에서는 mg/L와 ppm을 혼용하지만 원칙적으로는 mg/L로 표기해야 한다.

한편, 대기오염을 측정할 때 오염물의 농도는 액체와 마찬가지로 단위부피당 물질의 질량으로 표현하기도 하지만 대개 부피기준으로 표현한다. 즉, 1ppm(부피기준) = (1부피의 기체오염물)/(10^6부피의 공기)이 된다. 이때 1ppm은 부피에 기본하고 있기 때문에 “v"를 첨가하여 ppm_v로 표기하는 경우도 있다.

2.3 화학평형과 르 샤틀리에 법칙

화학평형(chemical equilibrium)이란 정반응속도와 역반응속도가 같아져서 반응물과 생성물의 농도가 일정한 상태를 말한다. 소금물을 만들 때 소금을 과량 투입하게 되면 용기 바닥에 녹지 않는 소금이 남게 된다. 이때 자세히 관찰하면 소금의 녹는 속도와 결정으로 석출되는 속도가 같은 상태이며, 이를 평형상태라고 정의한다.

평형상태에 있는 화학계에 반응물이나 생성물을 첨가하면, 첨가된 물질을 소비하는 방향으로 반응하게 되고, 또 계의 압력을 증가시키면 압력을 감소시키려는 방향으로 반응한다. 이것이 르 샤틀리에(Le Chatelier)의 원리이다. 즉 평형상태에 있는 계에 교란(disturbance)이 가해지면 그 교란의 영향을 최소화하려는 방향으로 평형이 이동한다는 법칙이 르 샤틀리에 법칙이다. 평형상태에 있는 혼합물의 평형조성을 변화시키고 생성물의 발생율을 증가시키는 방법으로는 반응물 양의 증가, 생성물의 양의 감소, 온도의 변화, 압력의 변화 등이 있다.

2.4 산화 환원 반응

산화-환원 반응(redox reaction)은 전자 이동의 결과로 일어나는 화학변화이며, 많은 화학반응 중에서도 가장 중요한 반응 중의 하나이다. 에너지 생산을 목적으로 하는 모든 화학반응은 산화-환원 반응의 일종이다. 연료의 연소, 전지를 이용한 전기의 발생, 음식물의 대사, 광석에서 금속을 유리시키는 과정 및 전기분해 반응들도 산화-환원 반응으로 분류할 수 있다.

산화-환원 반응은 반응물 중 일부 원소들의 산화상태가 변화한다는 특징을 가지고 있다. 어떤 원소가 산소와 결합(수소 또는 전자와 분리)하거나 산화수가 증가했을 때 산화되었다고 말한다. 반대로 수소 또는 전자와 결합(산소와 분리)하거나 산화수가 감소했을 경우 환원되었다고 말한다(<그림 2-1> 참조).

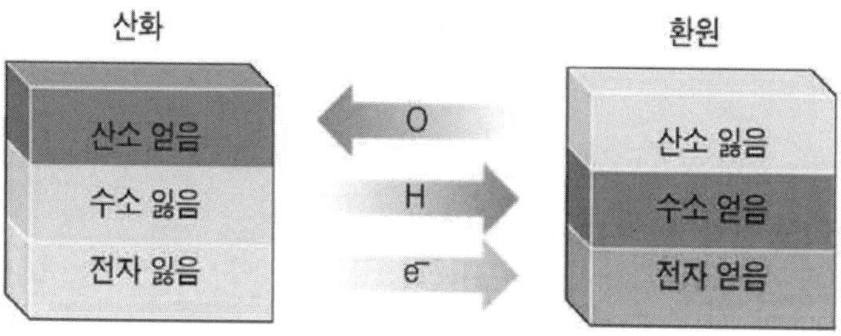

그림 2-1 산화와 환원의 세 가지 정의

산화-환원반응에서는 상대 물질에게 산소를 제공하고, 자기 자신은 전자나 수소를 받아들이는 분자나 이온을 산화제(oxidizing agent)라고 한다. 그 반대의 작용을 하는 분자나 이온은 환원제(reducing agent)라고 한다. 산화-환원반응 과정에서 산화제는 상대를 산화시키고 그 자신은 환원된다. 마찬가지로 환원제는 상대를 환원시키고 그 자신은 산화된다.

지구상에서 생명을 유지시키는데 가장 중요한 산화-환원 반응으로는 광합성과 탄수화물의 대사과정을 들 수 있다. 식물은 광합성을 통하여 태양에너지를 탄수화물 형태로 저장하게 된다. 또, 우리가 섭취한 음식물은 최종적으로 세포 속에서 산소와 결합하여 산화하며, 이때 발생되는 에너지를 다양한 생명활동에 사용하게 된다.

1) 식물의 광합성 과정 ⇒ 탄소의 환원, 에너지의 저장

$6CO_2$ + $6H_2O$ + 에너지 → $C6H_{12}O_6$ + $6O_2$

2) 탄수화물의 대사과정 ⇒ 탄소의 산화, 에너지 발생

$C_6H_{12}O_6$ + $6O_2$ → $6CO_2$ + $6H_2O$ + 에너지

지구상에서 가장 풍부한 산화제로는 산소가 있으며, 오존도 중요한 역할을 담당하고 있다. 일상생활 속에서는 소독제, 살균제, 표백제 등의 용도로 산화제를 사용하는데, 예를 들면 과산화수소(H_2O_2)나 염소화합물 등이 있다.

호기성 생명체는 공기 중의 산소를 호흡하여 유기물을 산화시켜 에너지를 획득하고, 이를 이용하여 생명을 유지한다. 호흡한 산소의 3% 정도는 대사과정에서 세포를 파괴시키는 독성물질로 변환되는데 이러한 부산물을 활성산소라고 한다. 활성산소는 생체 조직을 공격하여 세포를 산화, 손상시키는 주범이며 유해산소라고 부르기도 한다. 활성산소 유발 성분을 환원시킴으로써 활성산소로 인해 우리 몸이 노화되고 손상되는 것을 막아주는 물질을 항산화제(antioxidants)라고 하는데, 항산화제는 인체 내에 자연적으로 존재하는 것과 외부에서 투여해 주는 것으로 나눌 수 있다. 외부에서 투여해 주는 것으로는 비타민 E, C, 베타카로틴이 있다. 또한, 미네랄 중에는 셀레니움이 대표적이다. 채소, 과일, 견과류에는 항산화제가 풍부하게 들어 있다.

2.5 산과 염기

1884년 Arrhenius는 수용액에서 수소이온(H^+)을 발생시키는 물질은 산이며, 수산이온(OH^-)을 발생시키는 물질은 염기라고 정의하였다. 예를 들어, 염산(HCl)이 물에 녹으면 수소이온(H^+)을 발생시켜 산성반응을 일으키고, 수산화나트륨(NaOH) 수용액은 수산이온(OH^-)을 만들어 염기성반응을 일으킨다. 산과 염기를 반응시키면 다음과 같이 중화반응이 일어나 염을 생성한다.

$$HCl \rightarrow H^+ + Cl^-$$

$$NaOH \rightarrow Na^+ + OH^-$$

$$HCl(aq) + NaOH(aq) ----\rightarrow NaCl(aq) + H_2O(\ell)$$

2.6 물의 이온화와 pH

물은 매우 약한 전기 전도성을 갖고 있으므로, 물속에서 이온상태로 있다고 볼 수 있다. 물은 이온화되어 H_3O^+(hydronium ion, 간단하게 H^+로 표시)와 OH^-(hydoxide ion)을 생성한다.

$$H_2O + H_2O \rightleftarrows H_3O^+ + OH^-$$

25℃에서 순수한 물속의 H^+와 OH^-의 농도를 각각 측정한 결과 $1.0 \times 10^{-7} M$(몰농도)이었다. 순수한 물에서 $[H^+]$와 $[OH^-]$가 같을 때 그 용액은 중성 용액이고, $[H^+]$가 크면 산성 용액, $[OH^-]$가 크면 염기성 용액이 된다. 덴마크의 생화학자 S. Sorensen은 1909년에 H^+이온농도를 로그 값으로 표시하는 간단한 pH표시법을 다음과 같이 제안하였다.

$$[H^+] = 10^{-x}$$

pH = x

$$pH = \log \frac{1}{[H^+]} = -\log[H^+]$$

pH3인 음료수는 pH7인 물과 비교하여 10,000배 더 수소이온이 많이 녹아 있다. 그 차이가 4배가 아님에 주의하여야 한다.

표 2-3 여러 가지 이온들의 강산, 강염기 비교

산		염기	
강 산	H_2SO_4	SO_4^{2-}	약염기
↓	HCl	$H_2PO_4^-$	↑
	HNO_3	F^-	
	H_3O^+	HCO_3^-	
	HF	NH_3	
	H_2S	CO_3^{2-}	
	NH_4^+	OH^-	
	HCN	NH_2^-	
약 산	HCO_3^-	O^{2-}	강염기
	H_2O		

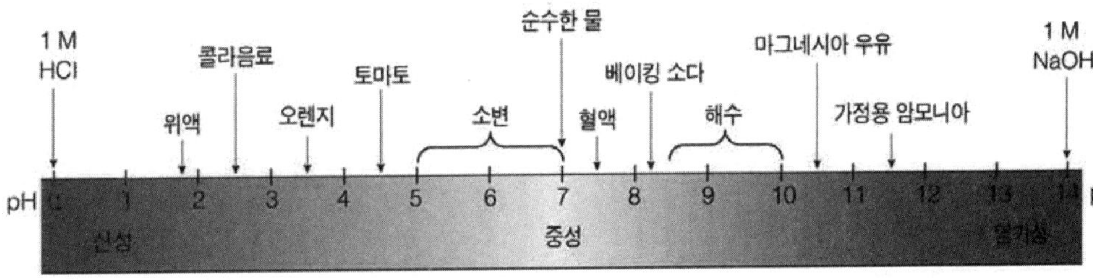

그림 2-2 여러 가지 물질들의 pH

제3장 지구와 생태계

3.1 우리가 사는 지구

3.1.1 생명의 역사

빅뱅이론에 의하면 우주의 나이는 약 150억 년이며, 태양계와 지구의 나이는 약 46억 년이라고 한다. 한편 인류가 출현한 것은 약 200만 년 전으로, 지구의 나이를 1년으로 환산하면 인류는 불과 15분에 전에 지구에 출현한 셈이 된다. 다시 지구의 나이를 하루로 환산하면 인류의 출현은 47초 전에 발생한 것이 된다.

지구상에 최초로 등장한 생물의 흔적은 호주에서 발견되었다. 30억 년 전에 생성된 것으로 추정되는 이 화석 속에는 남조류(藍藻類)의 흔적이 남아 있었다. 이런 남조류, 세균 등의 원핵생물은 대략 30억 년 전에 출현하였으며, 이들은 태양에너지를 이용하여 무기물에서 간단한 유기물을 합성하였다.

초기 20억 년 동안 대기 중에 산소가 거의 없었기 때문에, 혐기성(anaerobic) 미생물이 대부분을 차지하였다. 20억 년 이후, 식물의 광합성 결과로 대기 중에 산소가 점차적으로 증가하면서, 여기에 적응할 수 있는 진핵세포를 가진 호기성(aerobic) 미생물이 나타났다. 약 6억 년 전부터는 여러 생물들의 진화가 폭발적으로 진행되었고 3억 년 전부터 공룡의 시대가 시작되었다. 그 뒤, 약 6,500만 년 전에 공룡이 멸종하면서 포유류의 시대가 열렸으며, 인류는 약 200만 년 전에 비로소 지구상에 출현하게 되었다. 생물의 역사를 간단하게 정리하면 <표 3-1>과 같다.

인류는 지구상에 등장한 순간부터 지구환경에 크고 작은 영향을 끼치며 살아왔으며, 특히 농경생활을 시작한 이후 인류가 생태계에 미치는 영향은 더욱 커졌다. 그 중에서도, 공업의 발달이 인구의 도시집중을 가속화하고, 생산성의 증대와 이동수단의 발달이 원자재와 에너지의 수요를 크게 증가시켰다. 산업사회의 발달과 도시화 및 폭발적인 인구증가는 지구 생태계에 대단히 큰 영향을 미치게 되었다.

표 3-1 지구상 간단한 생물의 역사

화학적 지구의 진화	지구생성 이후 5~10억 년
생물학적 지구의 진화	37억 년
지구에서의 최초 생물의 흔적	호주에서 발견 (30억 년으로 추정, 남조류)
은(隱)생대	지구의 최초 40억 년 동안 미생물 정도만 생존
광합성 생물이 출현	27억 년 전
다세포 생물이 출현	12억 년 전 (대기 중 산소농도 2% 정도)
현(現)생대	최근의 6억 년은 다양한 생물체 출현
호기성 시대	5억 년 전부터 대규모 산림형성으로 산소 증가
양서류 출현	4억 년 전
공룡 출현	3억 년 전 (대기 중 산소 농도 현재와 비슷한 수준)
인류의 출현	약 200만 년 전 (하루로 치면 47초 전에 해당)
현대인 출현	약 3만 년 전 (하루로 치면 1.4초 전에 해당)
제1대 변혁–농업혁명	1만 년 전
제2대 변혁–산업혁명	300 년 전

3.1.2 생명부양 환경

지구는 크게 물로 이루어져 지구 표면의 약 71%를 차지하는 '수권(水圈)', 지구를 둘러싸고 있는 대기층의 순환을 통해 탄소와 산소 등을 공급하는 '대기권(大氣圈)', 지구표면의 육지와 토양으로. 생물체가 살고 있는 '토양권(土壤圈)', 동물 및 식물, 미생물 등의 생물들이 살고 있는 지구의 표층부분인 '생물권(生物圈)'으로 나눌 수 있다. 지구에는 다양한 생물들이 '생물권'을 중심으로 한 좁고, 제한적인 지역에 살고 있으며, 또한 식물과 동물은 '생물군계'라는 공동체를 이루며 살고 있다. 식물과 동물들은 각자 나름대로의 질서를 갖춘 시스템 안에 함께 속하여 지구와 함께 살아가고 있다.

지구상의 모든 생명체의 생존과 생활방식은 전적으로 태양과 지구에 의존한다. 있다. 태양에너지는 식물들의 광합성을 통하여 유기성 식품으로 변화되며 궁극적으로 인간을 포함한 지구상의 모든 생명체를 부양하는 생명의 원천이 된다. 자본이란 사업을 계속 유지하고 더 많은 부를 창출하는데 이용하는 일종의 자원이다. 그러므로 태양에너지를 태양 자본, 지구의 공기, 물, 토양, 야생생물, 광물, 자연정화 등을 지구자원 혹은 자연자본이라고 분류하기도 한다.

물은 지구환경에 있어서 가장 중요한 요소 중의 하나로, 우리 몸의 조직도 대부분이 바닷물과 비슷한 성분의 물로 이루어져 있다. 또한, 지구 전체를 놓고 보면 물이 바다에서 증발하여 육지로 이동한 후 비가 되어 내리고, 다시 하천과 강을 따라 바다로 들어가는 순환작용을 되풀이한다는 것을 알 수 있다.

지구상에 생명이 존재하려면 대기가 꼭 필요하다. 대기는 여러 층으로 구성되어 있으며 대기의 제일 아래층인 대류권은 지상 11km까지로 위로 올라갈수록 온도가 감소하는 것이 특징이다. 대류권 위로 지상에서 50km까지는 성층권이라고 하는데, 대류권과는 달리 위로 올라갈수록 온도가 높아진다.

토양도 생물이나 인간이 살아가는 환경으로서 중에서 중요한 역할을 하고 있다. 토양은 지각 깊은 곳에서 만들어진 암석이 높은 압력에 의해 잘게 부서지고 여기에 식물과 동물들의 사체가 미생물에 의해 분해되어 생성된 무기물이 합쳐져서 만들어진 것이다. 다양한 생물종들도 지구의 생명부양환경을 이루고 있는 중요한 구성 요소 중의 하나인데, 오늘날 지구상에는 서로 다른 150만 종 이상의 생물이 살고 있다. 우리 인체에도 2조~3조개에 이르는 세균들이 서식하고 있는데 인간이 살아가는 데에 매우 중요한 역할을 하고 있다.

3.1.3 생명체로서의 지구

가이아 가설은 영국의 화학자인 러브 록에 의해서 1978년에 발표되었는데, 지구를 단순한 물질이 아니라 살아 있는 하나의 유기체로 보아야 한다는 주장이다. 가이아(Gaia)란 그리스 신화에 등장하는 대지의 여신으로 지구를 상징적으로 나타내기 위해 사용된 말이다. 가이아 이론은 지구를 단순히 기체에 둘러싸인 암석덩이로 생명체를 지탱해주기만 하는 것이 아니라 생물과 무생물이 상호작용하면서 스스로 진화하고 변화해 나가는 하나의 생명체이자 유기체임을 강조한다.

지구라는 시스템은 단순히 주위환경에 적응하기만 하는 소극적인 존재가 아니며, 오히려 지구의 물리화학적 환경을 활발하게 변화시키면서 진화를 거듭하는 능동적인 존재라고 정의한다. 가이아의 가설에서 제시하는 가장 중요한 증거는 지구의 기후이다. 다른 행성들은 태양과의 거리 때문에 생물이 살기에는 기후조건이 적합하지가 않다. 태양과의 거리와 대기의 조성을 고려할 때 생명체가 없는 지구의 평균온도는 약 290도 정도일 것으로 계산된다. 그러나 생명체를 포함한 지구의 생태계 시스템 덕분에 지구온도가 연 평균 15도 정도로 일정하게 유지하고 있는 것이라고 한다.

3.2 생태계의 정의와 구성

3.2.1 생태계의 정의

생물과 그들이 살아가는 주변 환경은 아주 밀접하게 연결되어 있다. 생물체가 살고 있는 곳을 그들의 서식처(habitat)라 한다. 모든 생물은 서식처에서 그들 나름의 생태적 지위(ecological niche)를 가지고 있다. 특정 서식지에 살고 있는 같은 종류의 생물 집합체를 개체군(populations)이라 한다. 같은 서식지에 살고 있는 개체군들의 집합체는 군집(community)이라 하며, 어느 한 군집 내에는 특정한 동.식물들이 함께 공존한다.

생태학(ecology)이란 용어는 약 1백 년 전 독일의 생물학자 E. Haeckel이 만들어 냈다. eco-는 집이란 뜻의 그리이스어 oikos에서 유래되었으며, economics의 eco-와도 같은 어원이 된다. 1935년 A. Tansley가 처음으로 생태계(ecosystem)라는 용어를 사용하였다. 생태학은 생물, 물리, 화학, 수학분야가 종합적으로 관여하고 있으며, 공학적 접근도 이루어지고 있다.

생물과 무기 환경(비생물 환경)은 서로 불가분하게 관련되어 있다. 어떤 지역의 생물들이 서로 영향을 주고받으며 동시에 주위의 환경과도 상호 작용한다. 이와 같이 생물과 무기 환경 사이에 물질 순환과 에너지의 흐름이 분명하게 정의 될 때 이들 생물과 환경을 모두 포함하는 단위는 생태계(ecosystem)가 된다. 생태계(ecosystem)란 어떤 지역의 생물공동체가 생물체 상호간 또는 이것을 유지하고 있는 (생물체 주변의) 무생물적 환경과 상호 작용하는 단위체로서의 계(system)를 의미한다. 다시 말해, 생태계는 군집 내에 존재하는 생물간의 상호관계 및 서식지 환경과의 상호관계를 통해 유지되는 하나의 시스템으로 볼 수 있다. 즉, 생물이 물과 공기 그리고 토양을 근거로 영양분을 섭취하고 물리·화학적 주변 환경에 적응하며 살아가는 '생물군계'이다.

또한 생태계는 에너지의 흐름과 물질순환으로 규정되는 하나의 계로, 완전히 닫힌

계는 존재하지 않고 주변의 다른 계와 유기적 관계를 맺고 있다. 그러므로, 하나의 생태계 속에는 생물적 구성요소와 무생물적 구성요소가 복합적으로 존재하고 있다. 이처럼 생물적 환경과 무생물적 환경으로 구성되는 생태계는 자연의 기본이 되는 기능적 단위이다.

지구상에는 약 300만종의 생물이 살고 있는 것으로 추정되고 있는데, 이처럼 많은 종의 생물들은 그들의 주위환경과 밀접한 관계를 맺으며 살아가고 있다. 편의상 생태계를 고립적인 단위로서 취급하나 생태계가 완전히 고립되는 경우는 거의 없다. 한 생태계로부터 다른 생태계로 이동하는 것이 있기 마련이며, 이것이 생태계의 명확한 구분을 어렵게 한다.

3.2.2 생태계의 구성

생태계를 구성하는 요소는 다음의 6 가지로 크게 나눌 수가 있으며, 이는 다시 비생물적 요소(무기물질, 유기물질, 기후)와 생물학적 요소(생산자, 소비자, 분해자)로 구분할 수 있다.

가) 무기물질 : 탄소, 질소, 탄산가스, 물 등 자연적으로 존재하며 순환되는 물질

나) 유기물질 : 탄수화물, 단백질, 지질, 부식질 등 생물체에 의해 생성 및 순환되는 물질

다) 기후인자 : 햇빛, 온도, 습도, 바람 등 생태계에 영향을 미치는 외부 요소

라) 생산자 : 녹색식물로서 무기물로부터 영양물을 만들어내는 생물군

마) 소비자 : 주로 동물로서 다른 생물이나 유기물질을 먹이로 하는 생물군

바) 분해자 : 박테리아, 진균류 등 미생물로서 유기물을 분해

3.2.2.1 생물학적 구성 요소

한 생태계 내에 존재하는 생물들을 그들의 기능적 측면에서 분류하면 생산자(producer), 소비자(consumer), 분해자(decomposer)로 나눌 수 있다. 생산자(producer)는 주변 서식환경의 무기화합물로부터 다른 모든 생물체의 먹이가 되는 유기물을 생산하는 생물이며, 독립영양(autotrophic) 생물이라고도 한다. 모든 녹색식물은 생산자에 해당한다. 식물은 엽록체에서 빛에너지를 이용하여 물과 이산화탄소

를 재료로 유기물과 산소를 생산한다. 이와 같은 생화학적 과정을 통해 식물은 산소와 물을 대기 중으로 배출하고 포도당과 탄수화물을 생체 내에 저장한다. 이러한 광합성과정에서 생산된 유기물과 산소를 이용하여 호기성 소비자가 에너지를 얻는다. 조류(algae)란 광합성을 하는 수중미생물을 말하는데 단세포 조류인 식물성 플랑크톤, 다세포 조류인 해초류 등이 있다. 또한 조류는 광합성을 하는 색소에 따라 남조류, 녹조류, 갈조류, 적조류 등으로 분류한다.

소비자(consumers)는 스스로 무기화합물을 유기화합물로 바꿀 수 없기 때문에 생산자를 직접·간접적으로 섭취해야만 하는 종속영양(hetrophic) 생물로서, 대부분의 동물이 여기에 속한다. 식물을 먹는 초식동물을 1차 소비자, 1차 소비자를 먹는 동물을 2차 소비자, 2차 소비자를 먹는 동물을 3차 소비자로 구분한다.

분해자(decomposers)는 종속영양생물로서, 살아있는 생물이 아닌 죽은 유기체만을 분해하는 생물이다. 분해자는 부식성(腐食性) 및 분식성(糞食性)의 동물·균류·세균류 등이 여기에 속한다. 자연계에서 생산자에 의해 생산된 유기성물질은 소비자에 의하여 소비되며 생산자와 소비자의 시체 배설물은 분해자에 의해 분해되고 이것은 다시 생산자에 의해 이용될 수 있는 무기물로 변한다. 분해자는 생산자·소비자와 더불어 생태계를 형성하며 물질순환에 직접 관여한다. 이와 같이 생산자, 소비자, 분해자 3종의 구성요소는 서로 깊은 관계를 맺고 있으며 어느 한 요소라도 빠져서는 안정된 생태계를 유지할 수 없다.

3.2.2.2 비생물적 구성 요소

비생물적 구성요소는 순환되는 무기물(C, N, CO_2, H_2O, 미네랄 등), 유기화합물(단백질, 탄수화물, 지방질 등), 기후 조건 및 기타 물리적 인자로 구분할 수 있다. 예컨대 빛, 온도, 물, 토양, 태양 에너지, 양분 등이 비생물적 요소가 된다. 이들은 생물이 살아갈 수 있는 환경이지만 생물의 행동에 따라 그 상태가 바뀌기도 한다. 인간은 물과 공기를 오염시키고, 토양을 바꾸는 등 지구 생태계 내에서 가장 위험한 구성원이다.

무기물질은 지각을 구성하는 암석에서 용출되어 수중 및 대기 중에 존재하며, 일정량은 생물의 영양물질이 되어 생물체를 구성하여 유기물질이 되고, 이 유기물질이 분해되면 다시 무기물질이 된다. 이런 과정에서 무기물질은 원소 상태의 물질로 자연계를 순환한다.

3.3 에너지의 흐름과 물질의 순환

3.3.1 에너지의 흐름

에너지(energy)는 일할 수 있는 능력으로 정의된다. 에너지는 운동에너지와 위치에너지로 나눌 수 있는데 운동에너지는 열역학법칙으로 설명할 수 있다. 열역학 제 1법칙은 에너지는 창조되거나 소멸될 수 없으며, 다만 한 형태에서 다른 형태로 전환된다는 것을 말하며, 에너지 보존의 법칙이라고도 한다. 열역학 제 2법칙은 에너지 전환의 자발적인 방향은 농축된 형태에서 분산된 형태로 진행된다. 에너지가 한 형태에서 다른 형태로 전환될 때, 일부는 쓸모없는 에너지인 엔트로피(entrophy)로 바뀌어 흩어지게 되며, 엔트로피 증가의 법칙이라고도 한다.

태양이 방출하는 에너지양은 거대하지만, 지구가 받는 양은 22억 분의 1에 불과하다. 지면에 도달하는 태양의 복사 에너지 중의 약 30%는 반사되어 우주로 향하고, 약 46%는 열로 변하여 지표의 온도를 유지하며, 23%는 지상 혹은 해상의 물을 증발시켜 물의 순환을 일으킨다. 이 중, 생물이 이용할 수 있는 유기물에 저장되는 에너지의 비율은 1%를 넘지 못한다.

생물이 획득한 에너지의 대부분은 생물이 살아가는 데에 소비되기 때문에 저장되는 양은 매우 적다. 얻은 에너지의 대부분은 호흡하고, 신체조직을 다시 만들고, 혈액을 순환시키며, 태아에게 양분을 공급하는 과정에서 사용된다. 또한, 에너지가 한 형태에서 다른 형태로 전환될 때마다 엔트로피는 증가하고, 이용 가능한 에너지는 감소한다. <그림 3-1>과 같이, 한 단계에서 다음 단계로 올라갈 때, 에너지의 대부분이 소실되기 때문에, 먹이사슬의 상부로 올라갈수록 에너지의 총량은 급격히 줄어들게 된다. 일반적으로 1단계 상위그룹으로 올라갈 때 하위그룹 에너지의 90% 이상이 소멸되며, 상위단계에서는 10% 정도만 이용이 가능하게 된다. 이때 오염물질은 최대 10배까지 농축될 수도 있다. 육식 대신 채식을 할 경우 20배 이상의 인구를 부양할 수 있다는 연구결과도 있다.

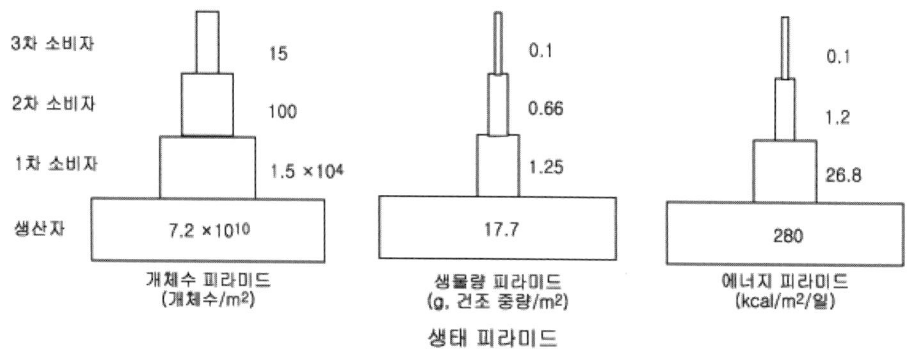

그림 3-1 각 단계별 에너지의 흐름

3.3.2 생태계의 물질순환

생물에 필요한 모든 물질은 비생물 환경으로부터 생산자로 들어오고, 먹이 연쇄를 통하여 소비자로 옮겨가며 마침내 분해자에 의하여 다시 생물환경으로 되돌아간다. 즉, 생태계에서는 태양에너지를 화학에너지로 전환시켜 유기물이 생산·축적되고 이 유기물은 소비·환원되어 지구 생물화학적 물질순환이 이루어진다. 이 순환과정에서 무기물, 즉 탄소, 질소, 인 등을 생물의 영양소로 사용하여 유기물을 만드는 식물은 중요한 위치를 차지하고 있다.

지구상의 원소와 이들의 화합물은 유기물과 무기물의 형태로 순환되며 생물이 지구상에 존재하는데 꼭 필요한 작용을 한다. 여기서 원소(element)란 화학적 방법으로 더 이상 간단한 순물질로 분리할 수 없는 물질이며, 현재까지 109종의 원소가 알려져 있다. 화합물은 둘 이상의 원소들이 화학적으로 결합하여 만들어진 물질을 말한다. 17가지 원소는 대부분의 식물이 성장하는데 필수적이다. 탄소(C), 질소(N), 산소(O), 인(P), 황(S), 그리고 수소(H)의 6가지 원소는 식물, 동물, 미생물을 구성하는 물질의 95%를 차지한다. 영양소 순환의 대표적 예로는 질소 순환, 탄소 순환, 인의 순환이 있으며, 이들의 개념을 설명하면 다음과 같다.

3.3.2.1 탄소의 순환

생물체를 이루는 요소 중에서 중요한 물질들이 있는데 대표적인 것으로 탄소와 질소, 인이 있다. 그 중에서도 가장 중요한 물질은 탄소이다. 모든 유기화합물의 골격은 주로 탄소(炭素)로 이루어져 있으며, 탄소는 생물체를 구성하는 가장 중요한 물질이다. 탄소는 모든 유기화합물의 기본 구성 원소로서 대부분의 생물구성 원소 중 가장 높은 비율을 차지하고 있다. 인간의 경우 수분을 제거한 건조원소 조성을 계산하면 49%가 탄소로 되어있다.

전통적으로 유기(organic)란 생물에 관계되는 것을 의미하였다. 즉, 광물체로부터 얻어지는 무기물(inorganic matter)과 달리 생물체의 구성성분을 이루는 화합물, 또는 생물에 의하여 만들어지는 화합물을 유기물로 분류한다. 이와 같은 분류는 생명현상에 관련된 화합물은 모두 탄소화합물이므로, 무기물로부터는 만들 수가 없다는 생각에서 유래된 것이다. 그러나 1828년 빌러가 무기물로 알려져 있던 시안산암모늄으로부터 요소를 만든 이래 많은 유기화합물이 합성되었다. 현대에 이르러, 유기물은 일반적으로 생명과 관련이 있는 물질을 말하며, 유기화합물은 탄소를 포함한 화학물질로서 특히 인공적인 화학물질을 주로 지칭한다(단 CO_2, $CaCO_3$, CO, C, KCN, 다이아몬드, 흑연 등은 제외 함).

탄소순환의 중요한 측면 중 하나는 태양에너지가 탄소순환에 의해 생물학적 시스템으로 이동되어, 궁극적으로는 화석연료의 형태로 저장되었다가 인간에 의해 이동되어 에너지를 얻기 위한 수단으로 사용된 후 다시 대기로 재방출 된다는 점이다.

미생물은 탄소순환에 깊이 관여하면서 생화학 반응을 중재한다. 물속에서 탄소를 고정하는 광합성 조류는 물속에 존재하는 이산화탄소를 소모하여, 물의 pH를 높이고 탄산칼슘, 탄산마그네슘의 침전을 촉진시킨다. 미생물에 의해 고정된 유기탄소는 생물지화학 순환 과정에 의해 석탄, 갈탄, 석유, 천연가스로 전환된다.

탄소의 가장 큰 저장고는 대기와 물이다. 대기권에서의 CO_2 농도는 300ppm이고, 해양은 대기의 50배에 달하는 CO_2 저장능력을 지니고 있다. 식물은 대기 중의 이산화탄소를 광합성 작용을 통해 유기물로 저장하고 생산자, 소비자, 분해자를 거쳐 가스상태로 대기중에 방출한다. 이산화탄소는 탄산염 형태로 물속에 존재하기도 하는데 바다는 대기 중의 이산화탄소 농도를 일정하게 유지시키는 역할을 한다.

자연계의 탄소순환으로 이산화탄소는 오랜 시간 평형상태를 유지하였으나, 산업혁명 이후 화석연료의 사용으로 대기 중의 이산화탄소는 매년 증가하고 있는 추세이며, 이에 따른 지구 온난화와 같은 환경문제가 발생되었다. 인간이 화석연료를 사용할 때 화석연료에 포함되어 있는 황, 질소 등이 황산화물, 질소산화물 등으로 대기에 방출되어 인간에게 유해한 환경을 미치며, 연소 시 발생하는 이산화탄소는 온실가스의 주범으로서 지구온도 상승에 영향을 미치고 있다.

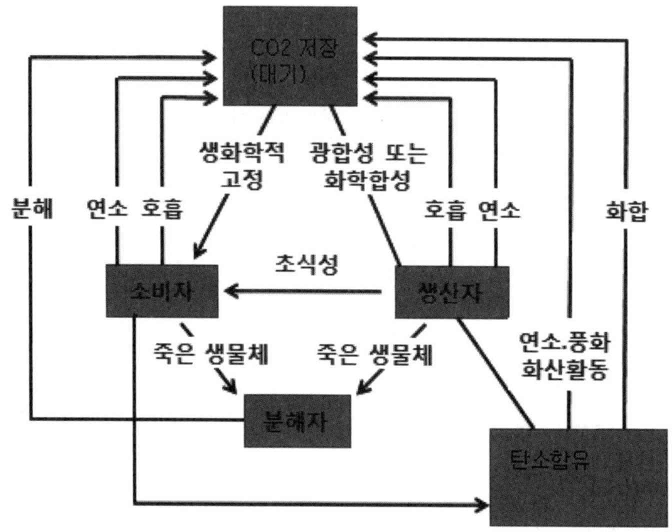

그림 3-2 탄소의 순환

3.3.2.2 질소의 순환

질소는 모든 생물의 영양소인 단백질의 구성성분이다. 또한 질소는 대기를 구성하고 있는 성분 중 78%를 차지하고 있다. 대부분의 생물체는 N_2로 되어 있는 기체상태의 질소는 이용할 수가 없다. 예를 들어 식물은 단백질을 생성하기 위해서 고정된 형태의 복합물로 된 질소를 확보해야만 한다. 가장 널리 이용되는 형태는 질산이온(NO_3^-)이다.

질소고정(nitrogen fixation)이란 대기 중의 질소가 생물에 이용될 수 있는 질소화합물의 형태로 변환되는 작용을 말한다. 질소를 고정할 수 있는 미생물로는 콩과식물에 기생하는 뿌리혹박테리아(Rhizobium), 광합성세균, 남조류 등이 있다. 질소고정생물과 결합할 수 없는 식물은 토양으로부터 질산염의 형태로 질소를 흡수하여 단백질을 생성한다. 생물이 이용한 질소화합물은 미생물의 분해 작용을 통해 유기성질소나 암모니아 또는 질산염이 되어 식물의 성장에 이용된다.

호기성(aerobic 또는 oxic) 상태에서 미생물에 의해 암모니아가 질산염으로 산화되는 반응 ($NH_3 \rightarrow NO_2^- \rightarrow NO_3^-$)을 질산화(nitrification)라고 한다. 또한 호수와 늪지 등의 혐기성(anaerobic) 또는 무산소(anoxic) 조건에서 질산염이 질소가스로 환원되는 반응 ($NO_3^- \rightarrow NO_2^- \rightarrow N_2$)을 탈질산화 반응(denitrification)이라고 한다. <그림 3-3>은 자연계에서의 질소순환 과정을 보여주고 있다.

암모니아 비료의 과다사용 및 유기물의 대량투기 등으로 수계에 질소의 유입속도가 빨라지고, 탈질산화 반응이 느리게 진행될 경우 심각한 부영양화(eutrophication) 현상이 발생하게 되어 수생 생태계의 혼란이 야기된다.

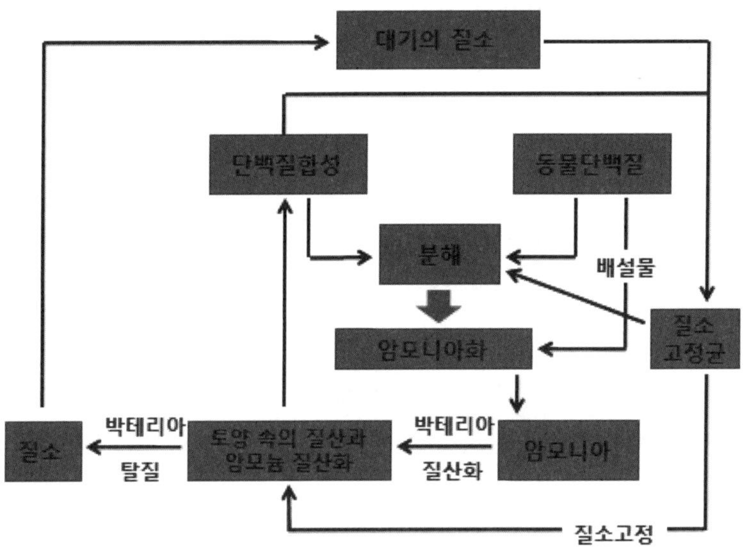

그림 3-3 질소의 순환

3.3.2.3 인의 순환

인은 생물의 DNA와 RNA를 구성하는 핵심물질이며, 뼈와 치아, 유기물조직을 만드는데 필요하다. 인 순환의 기본 물질인 무기인은 인산(PO_4^{3-}) 형태의 광물질 화합물에 존재한다. 인산은 물에 용해되나 가스 상태로는 변화되지 않는다. 물에 녹아 있는 인은 조류나 플랑크톤에 의해 흡수되며, 토양에서는 주로 식물에 의해 흡수되어 여러 가지 유기화합물로 변환된다. 유기인산은 유기화합물 내에 있는 인산을 말하는데, 이는 식물로부터 동물의 먹이로서 이송되어 생물체의 세포 내 호흡과정에서 산화되어 면서 무기인산으로 변한다. 그리고 오줌 등의 배설물로 동물체로부터 방출되어 환경에 재진입하게 된다. 인산은 수계에 들어가면 서서히 바다로 흘러 들어가 아주 적은 부분만 순환된다.

생활하수는 인산염 농도가 높은데 이는 과량의 비료 때문이 아니라 세제에 사용된 용해상태의 폴리인산염 때문이다. 폴리인산염은 주로 세제에 첨가되어 칼슘, 마그네슘 이온과 결합하여 착물을 형성한다. 유기세제의 경우는 더 효과적으로 작용한다. 현재 세제로 인해 발생하는 대부분의 환경문제는 계면활성제로 인한 것이 아니라, 세제에 첨가되는 빌더(builders)에 기인한다. 세제에 포함되어 있는 인산염은 아직도 가장 많은 관심을 받는 오염물질이다. 인이 호수에 조금만 녹아있어도, 질소를 고정하는 남조식물이 번성, 부패하면서 용존 산소가 소모되어 물이 탁해지게 된다. 이러한 현상을 부영양화(eutrophication)라고 한다.

3.4 먹이사슬과 생물농축

3.4.1 생물학적 농축현상

산업혁명이전에 자연계에서 물질의 흐름과 에너지의 변환은 대부분 생태계의 먹이사슬(food chain)을 통해서 이루어 졌다. 그러나 근래 합성화학의 발달로 자연계에 존재하지 않던 유기화합물질이 만들어지기 시작하면서, 자연계에서 물질순환(物質循環)이 되지 않는 화학물질도 대량으로 생산되고 있다.

자연에 존재하지 않던 물질에 의해 일단 환경이 오염되면 정화하기가 매우 어렵게 되는데, 이는 비천연(非天然)의 물질은 원칙적으로 생체에 의해 대사, 분해되지 않기 때문이다. 또한 비록 천연에 존재하는 물질이라도 그 양이 많으면 자연정화의 한계를 넘는 경우도 있어서 문제가 되기도 한다.

이들이 생체조직(生體組織)의 특정 부위에 강한 친화성을 나타내는 경우, 오랫동안 생체에 잔류하여, 배설되기 어려워진다. 농약인 DDT나 BHC, 사용 목적은 다르나 이들과 유사한 PCB 등 유기염소계 화합물질은 체내 지방조직에 친화성(親和性)을 가지고 있어서, 일단 섭취하게 되면 조직에 축적(蓄積)되어 쉽게 배설되지 않는다.

유기염소계 화학물질은 일반적으로 물에 잘 녹지 않으며, 물속에 유입되면 미량이라도 퇴적물이나 플랑크톤 등 고체 물질에 쉽게 흡착되므로, 이것이 작은 동물의 먹이로 섭취되면 이 단계에서 먼저 농축된다. 농축된 오염물질은 이것을 포식하는 어패류에 의해 더욱 농축되고, 먹이연쇄가 계속됨에 따라 점차 고농도로 농축되게 된다. 특정한 오염물질(저농도, 비배출성, 난분해성)이 생태계의 상위단계로 올라갈수록 축적되어 그 농도가 크게 증가하는 현상을 생물학적 농축현상(biological concentration)이라고 한다.

1962년에 출간 된 레이첼 카슨의 <침묵의 봄>은 항공방제에 의한 무분별한 살충제 사용으로 파괴되는 야생 생물계의 모습을 통하여, 기적의 살충제로 알려졌던 'DDT'의 실체와 피해를 낱낱이 공개한 책이다. 농약의 과잉살포로 인한 생태계의 오염이 어떻게 시작되고, 생물과 자연환경에 어떤 영향을 미치는 지를 꼼꼼하고 구체적으로 설명하고 있다. 레이첼 카슨은 <침묵의 봄>에서 새들의 죽음을 이야기했다. 이러한 새들의 죽음은 DDT와 같은 농약 때문에 일어났다. 인체에 무해하다며 뿌려댄 농약이 생물학적으로 '농축'된 결과 새들은 죽거나 알을 낳지 못했고, 그것이 새소리가 들리지 않는 "침묵의 봄"을 초래하게 된 것이다. 이 책은 환경 운동의 기폭제가 되었다.

미나마타병의 원인이 되는 메틸수은도 생체단백질과 결합되기 쉽고, 또한 지용성(脂溶性)이므로 여러 경로를 통해 체내에 흡수되면 쉽게 배설되지 않고, 체내에 축적·농축된다. 이타이이타이(痛い痛い)병 역시 카드뮴에 의한 생물학적 농축현상 때문에 발생한다.

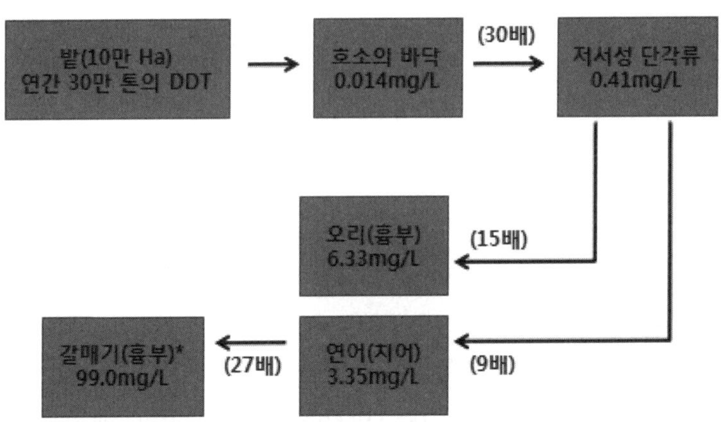

* 체지방 : 2,441mg/L

그림 3-4 DDT의 생물학적 농축 과정

3.4.2 생물농축에 영향을 미치는 인자

생물농축에 영향을 미치는 인자로는 크게 잔류성, 표면적, 분배, 생물학적 인자 등을 들 수 있다.

(1) 잔류성

어느 화합물질이 특정 생물에 축적되는 경향은 생물에 대한 화학물질의 생물학적 반감기에 비례한다. 보통 환경에 잔류하는 화합물질은 많은 생물에 있어 반감기가 길고, 충분한 양의 화학물질이 환경 중에 분포하면 비교적 높은 수준으로 축적되는 경향이 있다.

(2) 표면적

생물농축이 흡착을 포함한다면, 어느 화합물질이 어떻게 축적하는가는 주로 생물과 환경과의 경계면적에 의해 결정된다. 이것이 적용되는 상황으로는 공중에서 살포된 살충제가 식물에 흡착되거나 물 속 환경에서 PCB가 생물에 흡착하는 것을 예로 들 수 있다. 즉 이 때 입자의 크기가 감소하면 단위 질량 당 표면적은 증대하게 된다. 적은 입자의 오염물일수록 높은 비율로 생체 내에 축척될 가능성이 높다.

(3) 분배

분배계수란 물과 지방에 녹는 비율을 나타내는 값이다. 높은 분배계수를 갖는 화학물질은 지방에 많이 분포하는 경향이 있다. 따라서 지방을 많이 가지고 있는 생물일수록 화학물질이 체내에 많이 축적하게 된다. 즉 특정 생물의 지방의 함유량도 농축 정도를 나타내는 지표가 된다.

(4) 생물학적 인자

환경에 잔류하는 경향이 있는 화합물질은 보통 물에 용해되기 어렵고, 수생환경에서는 퇴적물이나 입자 상 물질에 보다 많이 존재하는 경향이 있다. 예를 들면 물속의 PCB 농도는 ppt 수준인 반면 퇴적물 중에는 ppm 수준으로 존재하기도 한다. 퇴적물과 함께 바닥에 서식하는 생물은 같은 수체의 상부에 사는 생물보다 화합물질에 높은 농도로 노출된다. 즉 생물이 서식하는 장소는 화합물질의 체내 축적에 큰 영향을 미친다.

제4장 대기오염

4.1 대기의 구조와 성질

대기권이란 지구의 중력에 의해 지구와 함께 회전하고 있는 공기층을 말한다. 대기권은 고도 80~250km까지 분포되며 위로 올라갈수록 밀도는 급격히 감소된다. 대기권은 태양에서 오는 유해한 자외선이나 고에너지 입자를 차단하는 동시에 태양열 에너지가 우주로 방출되는 것을 막아준다. 지구를 둘러싸고 있는 대기는 질소 78%, 산소 21%, 이산화탄소 0.03% 등으로 이루어져 있다. 지상에서 115㎞까지는 질소가 주성분이고 산소가 그 다음을 이룬다. 200㎞ 상공은 산소가 가장 많이 존재하는 층이며 여기서 점점 올라갈수록 산소의 양은 감소하고 헬륨으로 대체된다. 1,000㎞ 이상은 대부분이 수소로 이루어져 있다. 대기권은 지구로 유입되는 태양에너지가 흡수되는 정도에 따라 생기는 급격한 온도변화에 따라 대류권, 성층권, 중간권 및 열권 등 4개의 구역으로 나누어진다.

4.1.1 대류권

지표로부터 평균 11km의 높이까지의 공기층을 대류권(對流圈, troposphere)이라고 한다. 극지방은 8km 정도이며, 적도부근은 17km까지 정도로 높이의 변화폭이 크다. 대류권의 상층부에는 성층권이 있으며, 두 층의 사이에는 대류권 계면이 있다. 대류권의 공기밀도는 전체 대기의 75% 수준이며, 대류권 상층부의 밀도는 해면부근 밀도의 10% 정도이다.

지구표면과 직접 닿아 있으므로 태양에 의해 더워진 지표의 전도열을 받아들이며, 지표로부터 높이 올라갈수록 온도는 내려간다. 지표의 평균온도는 15℃이고 성층권과 대류권의 경계면 온도는 약 -60℃이며, 고도에 비례하여 온도는 일정하게 낮아진다. 고도에 따른 온도의 감소율 즉, 체감율(遞減率, lapse rate)은 건조 시에는 약 -10℃

/km이고, 수분을 포함한 경우에는 약 -6.0℃/km 정도이다. 대류현상에 의하여 하단부의 따뜻한 공기와 상층부의 차가운 공기의 혼합이 활발하게 일어나며, 이로 인해 구름, 비 등의 기상현상이 발생하게 된다. 구름, 바람, 강수 등의 수문(水文) 및 기상현상은 대류권 내에서만 나타난다. 인간을 비롯한 생물의 생존 및 활동공간도 대류권 내에 있으며, 대류권 내의 공기 상태는 생명체의 생존에 절대적인 영향을 준다.

4.1.2. 성층권

성층권(成層圈, stratosphere)은 대류권의 위로부터 지상 35~50km정도까지 분포하며, 고도가 증가함에 따라 밀도가 작아지므로 공기량은 대기 전체의 15%에 불과하다. 기온은 대략 영하 50~60℃정도로서 변화폭은 작으며, 대류현상은 없고, 대기는 매우 안정된 상태이다. 성층권에는 오존층이 포함되어 있는데, 오존 농도가 대류권의 최고 8배에 이른다. 이 오존층은 태양의 자외선을 차단하여 지상의 생물을 보호하는 역할을 하며 최근에 점차 파괴되어 큰 문제가 되고 있다.

성층권의 오존은 태양으로부터 방출된 자외선과 산소분자의 반응으로 생성된다. 성층권의 하층에서 산소분자는 자외선에 의해 계속해서 오존으로 변환되며, 생성된 오존은 또한 자외선에 의해 시작되는 일련의 반응을 거쳐 다시 산소원자로 복귀되어 오존의 전체농도는 평형을 이루게 된다. 이 과정에서 오존분자들은 태양으로부터 유입되는 유해한 자외선을 대부분 흡수(99%)함으로서 지구 표면에 도달하지 못하도록 한다. 그 결과 자외선에 의한 화상, 피부암, 백내장 및 면역체계 손상 등의 피해를 받지 않도록 하여 인간이 안전하게 지구에서 생활할 수 있도록 한다.

4.1.3 중간권과 열권

중간권은 지상 50km로부터 85km까지의 높이로 성층권 위에 존재한다. 중간권은 고도가 높아질수록 온도가 낮아져 고도 85km 부근의 중간권 상층 경계면의 온도는 영하 92℃이다.

열권(熱圈, thermosphere)은 이온권(ionosphere)이라고도 하는데, 지상 85km부터 약 500km까지로 중간권의 위에 존재한다. 지상보다는 태양의 영향을 크게 받으며 전기 작용 및 기체분자간의 화학반응이 활발하다. 공기의 일부가 전리(電離)되어 있으므로 전도도(傳導度)가 높고, 온도도 고도 증가에 비례하여 급격히 상승한다. 열권에서는 200nm 이하의 파장을 가진 높은 에너지의 복사선이 가스 화학종에 의해 흡수되기 때문에 온도가 최고 1,200℃까지 올라간다.

4.1.4 오존층의 작용

성층권에 있는 오존층은 태양광선 중에서 태양열과 함께 지구에 도달하는 자외선이 지구 표면에 도달하는 것을 막아준다. 자외선은 미생물을 죽이고, 인간에게 가장 중요한 핵산과 단백질을 파괴시키는 광선이다. 그러나 자외선이 완전히 오존층에 의해 차단되는 것은 아니며, 약간의 자외선은 지표면에 도달한다.

지표면에 도달하는 자외선은 대기 중의 오존층 변화에 매우 민감하여 오존의 양이 1% 감소하면, 지면에 도달하는 자외선의 양은 2% 증가한다고 보고 있다. 이러한 자외선을 사람이 받았을 경우, 피부암을 일으키기 쉬운데, 이 피부암 발생률은 오존이 1% 감소하면 약 3% 증가한다고 한다. 자외선은 인체의 면역 반응을 억제하고 백내장을 일으키며 식물의 생산력을 감소시키고, 자연계의 생태계 균형을 파괴시키는 등의 여러 가지 해로운 역할을 하고 있다.

4.2 대기오염의 정의와 피해 사례

4.2.1 대기오염의 정의

사람은 공기 없이는 몇 분도 살 수 없는 동물이다. 오염된 식품과 물은 섭취하지 않고 깨끗한 음식물로 대신할 수 있으나 공기는 골라서 마실 수 없는 것이다. 공기는 그만큼 우리에게 중요하며 자연히 대기오염은 우리에게 심각한 문제로 다가온다. 사람은 음식을 먹지 않고는 5주, 물을 마시지 않고는 5일을 견딜 수 있지만 공기를 마시지 않고는 단 5분도 버틸 수가 없다. 사람들은 보통 하루에 음식 1.4kg, 물 2.3kg 정도를 섭취하지만 공기는 15kg정도를 호흡한다. 숨을 쉴 때마다 공기 속에 있는 오염물질들이 호흡기를 통해 우리 몸속으로 들어와 계속 쌓이게 된다. 현대인들은 감기나 폐렴에 자주 걸리고 천식, 알레르기성 비염과 같은 호흡기질환이나 아토피성 피부염 등을 많이 앓는데, 우리가 매일 들여 마시는 공기와 밀접한 관련이 있다.

표 4-1 유해물질이 인간 몸에 들어오는 경로와 특징

구분	노출시간	노출량 (흡입량)	사전예방 가능성	피해원인의 규명	위해 정도
공기호흡	연속적	12kg/일	어려움	어려움	매우 큼
음식물섭취	간헐적	2~3kg/일	비교적 쉬움	비교적 쉬움	중간 정도
피부접촉	간헐적	매우적음	쉬움	쉬움	약함

출처 : 한국대기환경학회, 2011

대기오염(大氣汚染)이란 대기 속에 오염물질이 정상적인 농도를 넘게 유입되어 인간이나 동식물 그리고 건물 등에 나쁜 영향이 나타나는 현상을 말한다. 산업 활동, 자동차 등으로부터 발생한 가스 또는 입자상 물질들이 공기 중으로 배출되어 인간생활에 불쾌감 또는 건강장애를 유발할 수 있는 대기상태를 말하기도 한다. 세계보건기구(World Health Organization, WHO)에서는 대기오염을 "대기 중에 인공적으로 배출된 오염물질이 존재하여 오염물량의 농도 및 지속시간이 특정 지역의 불특정 사람들에게 불쾌감을 일으키거나 해당지역에 보건위생상 위해를 미치고, 인간이나 식물, 동물의 생활에 해를 주어 도시민의 생활과 재산을 지킬 정당한 권리를 방해받는 상태"라고 정의하고 있다. 국내의 경우 대기오염의 예방·관리를 위한 대표적인 법으로서 '대기환경보전법'이 있다.

대기오염을 일으키는 물질은 자동차 배기가스, 담배, 연기, 공장 굴뚝에서처럼 인공적으로 발생하는 경우도 있지만, 화산폭발이나 번개 그리고 산불처럼 자연적으로 발생하는 경우도 있다. 대기오염으로 인한 인간의 피해는 역사가 깊은데, 대표적인 대기오염의 사례로는 화석연료의 사용으로 인해서 발생한 런던 스모그 사건이 있으며, 이때부터 스모그(smog = smoke + fog)라는 말이 처음 사용되었다. 과거에는 공장에서 발생하는 대기오염물질이 중요한 원인물질이었지만, 최근에는 자동차의 비중도 매우 높아지고 있다. 현대의 대기오염은 사람과 자동차가 밀집된 대도시에서 심각한 문제를 일으키고 있다. 실내 공간, 도심지, 국가 간 또는 지구 규모의 다양한 대기오염 현상과 원인물질을 <표 4-2>에 간단하게 정리하였다.

표 4-2 **대기오염의 규모별 현상과 원인물질**

<table>
<tr><th>분류</th><th>현상</th><th>공간규모</th><th>원인물질</th></tr>
<tr><td>지구 규모</td><td>지구기후변화
오존층파괴</td><td>지구전체</td><td>프레온가스, 이산화탄소,
메탄가스,</td></tr>
<tr><td>지역 규모</td><td>산성비, 황사</td><td>동북아시아</td><td>아황산가스, 이산화질소, 먼지</td></tr>
<tr><td rowspan="2">도시 규모</td><td rowspan="2">광화학 스모그 비산먼지,
악취 교통공해 등</td><td rowspan="2">도시 및
산업단지</td><td>휘발성 유기화합물, 오존,
미세먼지 등</td></tr>
<tr><td>휘발성 유기화합물,</td></tr>
<tr><td rowspan="2">실내 환경</td><td rowspan="2">실내공기오염</td><td rowspan="2">실내공간
지하철 등</td><td>일산화탄소, 미세먼지</td></tr>
<tr><td>담배연기, 라돈, 석면, 미생물 등</td></tr>
</table>

출처 : 한국대기환경학회, 2011

4.2.2 기온역전 현상

공기는 밀도가 높은 곳에서 낮은 곳으로 흐르며, 온도가 높아지면 공기가 팽창하면서 그 흐름이 빨라진다. 지표면에서 100m 상승할 때마다 온도는(기온은) 1℃ 가량 낮아지는 것으로 알려져 있다. 따라서 공기는 온도가 높은 지표면 가까이에서 팽창하여 상승하고, 상승한 공기는 찬 공기를 만나 수축되어 밀도가 높아지면서 다시 지상으로 내려오는 대류의 순환 작용을 계속한다.

그러나 밤이 되면 이러한 현상은 달라진다. 지면 가까이의 공기는 냉각되고, 지면보다 높은 곳의 공기 온도가 상대적으로 높아져 대류 운동이 반대로 일어나게 되는데 이것을 '역전 현상'이라고 말한다. 지형과 기후 조건에 따라서 밀도가 낮고 따뜻한 공기층 아래쪽에 밀도가 높고 차가운 공기층이 갇힐 수가 있는데 이러한 현상을 기온역전(temperature inversion)이라 한다. 오염물질이 많이 배출된 지역에 기온역전이 일어나면 대기가 안정되어 오염물질은 확산이 되지 않고 정체하게 된다. 수직 운동이 없는 것은 물론 바람이 없어 대기의 수평 이동마저 나타나지 않게 되면 오염 물질이 주는 피해는 더욱 커지게 된다. 런던형 스모그 및 로스엔젤레스형 스모그는 모두 오염물질이 대류에 의해 희석되지 않고 기온역전에 의해 장시간 동안 지표 근처에 머물러 있어서 발생되었다.

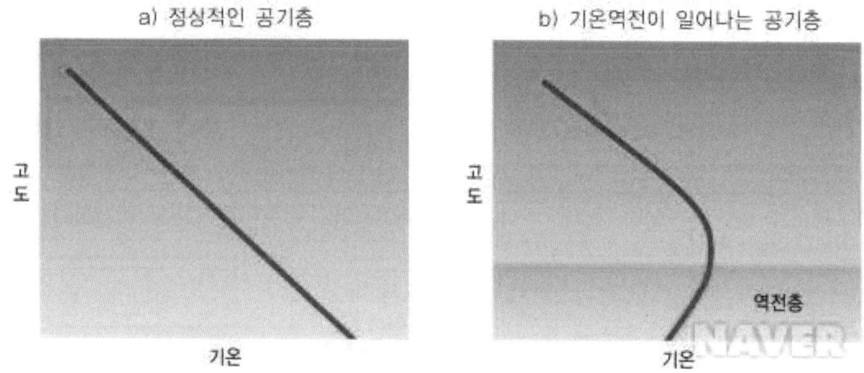

그림 4-1 정상적 공기층과 기온역전 공기층의 비교

4.2.3 스모그

영어의 'smoke'(연기)와 'fog'(안개)의 합성어이다. 스모그가 도시나 공업지대에서 발생하면 시계가 나빠지고, 인체에 해를 준다. 이 용어는 14세기 초 유럽에서 산업발전과 인구증가로 석탄소비량이 늘어나면서 생겨났다. 스모그는 크게 런던형 스모그와 LA(로스엔젤레스)형 스모그가 있다.

런던형 스모그는 난방연료에서 나오는 아황산가스가 주성분인데 비하여, LA형 스모그는 광화학스모그라고 말하며 자동차의 배기가스가 원인이다. 1952년 12월 5일~9일에 런던에서는 스모그에 의하여 수천 명의 사망자가 발생하였고 1956년 1월, 1957년 12월, 1962년 12월에도 런던에서 대규모의 스모그가 발생하였다. 런던 스모그 사건은 석탄연료의 사용에 의한 대기오염의 심각성을 말해 주는 대표적인 사건이다.

광화학스모그는 오염된 대기중의 탄화수소와 질소 산화물이 태양의 강한 자외선을 받아 광화학 반응을 일으켜 발생되는 옥시던트에 의해 시정(視程)을 악화시키는 스모그를 말한다. 맑고 기온이 높으며 바람이 약한 날에 발생하기 쉬운데, 자동차가 많은 로스엔젤레스에서 처음 관측되어 로스엔젤레스형 스모그라고도 한다.

4.2.3.1 런던형 스모그

1952년 12월 당시 런던은 구름과 안개로 인하여 낮에도 앞을 분간할 수 없을 정도로 어두웠으며 습도는 80%가 넘는 수준이었다. 기온이 급속히 떨어져 정오에 -1℃가 됨에 따라 도시 전역에서 석탄연료의 사용이 급속히 증가하였다. 연기가 대기 중으로 배출되었을 때 때마침 무풍현상과 기온역전 현상이 나타났고 이로 인해 연기는 대기로 확산되지 못하고 지면에 깔리게 되었다. 이렇게 배출된 연기는 안개가 합쳐져 스모그를 형성했고 특히 짙은 연기 속의 아황산가스는 산성안개로 변하였다.

이 현상은 1주일간 지속되었으며 런던시민은 호흡장애와 질식 등으로 사건 발생 후 3주일 동안 4,000명이 사망했고, 그 후 만성폐질환 등으로 8,000명이 추가 사망하였다. 사망자들은 주로 노인, 어린이, 환자 등 비교적 허약한 체질의 사람들이었으며 모든 연령층에서 심폐성 질환이 급증하고, 특히 45세 이상은 심각한 증상을 호소하였다. 이 사건은 평소에도 대기오염 심했던 런던에 오염물질의 확산을 방해하는 기상상태가 겹치면서 발생한 사건이다. 이후, 이와 같은 유형의 스모그 사건을 "런던형 스모그"라고 부르게 되었다.

4.2.3.2 로스엔젤레스형 스모그

제2차 세계대전 이후 자동차 등의 내연기관이 가솔린, 중유를 쓰게 되면서 석유의 연소에 의한 스모그가 큰 문제로 등장하였다. 특히 천 4백 만 명의 인구와 2천 만 대 이상의 자동차, 그리고 일천 여 개의 공장이 있는 로스엔젤레스는 광화학 스모그 발생으로 유명한 도시이다. 광화학 스모그라고 불리기도 하는 로스앤젤레스형 스모그는 자동차의 배기가스 속에 함유된 올레핀계 탄화수소와 질소산화물의 혼합물에 태양광선이 작용해서 생기는 광화학반응산물에 의한 것이며, 시정을 가시거리를 감소시키고, 눈·코·호흡기를 자극하며, 식물성장을 저해시킨다.

광화학 스모그는 오존 등의 광화학 물질이 대기 중의 가스와 반응을 일으켜 생기는 것으로, 따뜻하고 건조하며, 햇빛이 많고 바람은 없는 산으로 둘러싸인 도시에서 발생하기 쉽다. 바람이 약하고, 지면 부근에서 기온이 역전하는 경우에 스모그는 일정 지역에서 오랫동안 머무르게 되며, 한국의 대도시에서도 로스엔젤레스형 스모그와 같은 광화학스모그가 많아지고 있다.

한편, 인구가 밀집되어 있고 건물들이 많이 들어선 도심지는 일반적으로 농촌이나 교외지역 보다 기온이 약간 높게 나타난다. 이러한 기온 현상은 열섬(heat island) 효과라고 하는데 차량과 공장에서 배출된 매연이나 분진이 도심에서 빠져나가지 못하고 갇혀있게 되어 대기오염이 심각해지게 된다.

4.2.4 대기오염 피해사례

산업혁명 이후 석탄의 사용이 증가함에 따라 대기오염에 의한 피해도 나타나기 시작하였으며, 런던에서는 연기와 안개가 합쳐져 주민에게 피해를 입힌 기록이 남아있다. 20세기에 들어서 대기오염은 다양한 오염 물질과 이상 기온현상 등이 복합되어 주민들에게 큰 피해를 주었다. 역사적으로 중요한 대기오염 사건들은 <표 4-3>과 같다.

표 4-3 역사적인 대기오염 사건들

	발생 시기 및 장소	환 경	피 해	원 인 물 질
뮤즈 계곡 공단지역 사 건	30년 12월 벨기에	분지, 무풍, 1주일간 기온역전	70명 이상의 사망, 6천명 이상 호흡기 질환 발생	아황산가스, 미세입자 황산미스트, 불소화합물 등
도 노 라 사 건	48년 10월 미국	분지, 무풍, 기온역전	20명 사망, 인구의 43%가 피해, 호흡기질환	아황산가스, 황산 먼지가 포함된 연무
포자리카 사 건	50년 11월 멕시코	황화수소 누출, 기온역전	22명 사망, 해소, 호흡곤란, 점막자극	황화수소가스
런던 스모그 사건	52년 겨울 영국	7일간 스모그	1만 2천명 사망	무풍, 안개, 난방연료
보 팔 사 건	84년 12월 인도	메틸이소시아나이트 누출	3천명 사망, 2만 명 이상이 응급치료, 20만 명 피해자 발생	메틸이소시아나이트 (CH_3CHO)
체르노빌 사 건	86년 4월 우크라이나	멜팅 다운 현상에 의한 방사성물질	세계최대의 원전사고, 40만 명의 난민, 기형아 발생률 2.5배 증가, 수만 명이 암으로 사망할 것으로 추측	방사성 물질

4.3 대기오염의 발생원

대기오염의 원인은 크게 자연적인 원인과 인위적인 원인으로 구분할 수 있다. 자연적인 원인은 화산폭발, 산불 등이 있으며, 이로 인해 황산화물, 미세먼지 등 각종 대기오염물질이 배출된다. 인위적인 원인은 산업, 발전, 수송, 가정 등 인간 활동에 의해 황산화물, 질소산화물, 일산화탄소, 탄화수소 및 중금속 등 다양한 대기오염물질이 배출되는 것을 말한다. 이들 오염물질들은 대부분 인간 활동에 의해 직접 생겨나며 1차 오염물질이라고 부른다. 대표적인 1차 오염물질로는 일산화탄소, 탄화수소, 질소산화물, 황산화물, 분진을 손꼽을 수 있다.

1차 오염물질이 햇빛 또는 다른 1차 오염물질들과 반응하여 만들어진 추가적인 오염물질을 2차 오염물질이라 한다. 이렇게 배출된 대기오염물질은 인체와 환경에 직접적인 피해를 미치거나, 대기 중에서 물리·화학적인 반응을 통하여 미세먼지 현상, 오존, 산성비 등 다양한 대기오염 현상을 일으키며 역사와 환경(동식물 피해, 생태계 파괴, 건물 부식 등)에 이차적인 영향을 미치게 된다.

오늘날의 대기오염은 주로 인공오염원에 기인하는데, 인공오염원이란 인간 활동과 관련된 여러 종류의 오염원을 말한다. 이 오염원은 첫째, 교통기관(자동차, 항공기, 기차, 선박 등), 둘째, 화석연료의 연소(발전, 난방 등), 셋째, 산업공정, 넷째, 고체 폐기물 처리(가정 및 산업 쓰레기 등)와 같이 분류 할 수 있다.

한편, 대기오염원은 고정오염원(stationary source)과 이동오염원(mobile source)로 크게 나눌 수 있으며, 고정된 위치에서 대기오염물질을 배출하는 고정오염원은 다시 점오염원(point source)과 면오염원(area source)으로 분류된다.

4.3.1 교통기관

자동차, 항공기, 선박, 열차 등 교통기관은 일산화탄소, 이산화질소 및 탄화수소의 주 배출원이며 일산화탄소의 75 %, 이산화질소 및 탄화수소의 각 50 % 정도가 이들에 의해 배출된다. 교통기관은 오염물 배출량의 점유비율이 크다는 점 외에도 분산된 이동배출원으로서 통제가 어려운 점과 모든 차량에 완벽한 정화장치를 갖추기 어렵다는 문제점이 있다.

도시지역에서는 자동차의 화석연료 사용이 대기오염의 주원인이 되고 있다. 대도시의 미세먼지는 70% 이상이 자동차 배기가스에서 나온다. 한편, 수도권 지역의 미세먼지와 질소산화물 농도가 갈수록 높아지고 있는 것은 경유 차량의 급증 때문이다. 차량 중 미세먼지는 경유차에서만 나오며, 질소산화물도 경유차가 휘발유 차량 보다 80% 이상 더 발생시킨다.

수송 분야에서 사용되는 연료 특히 경유(디젤)는 전 세계적으로 배출되는 질소산화물의 50% 이상을 발생시키며, 호흡기 질환 문제를 촉발시킨다. 전체차량의 약 26%에 불과한 경유 차량에서 미세먼지 100%, NOx 75%가 배출되는 것으로 알려져 있으며, CO 배출량의 73%, HC 배출량의 62%는 휘발유차량의 운영에 기인하는 것으로 판단하고 있다. <그림 4-2>는 2000년부터 경유차량의 운행을 전면적으로 규제한 이후 일본 도쿄의 대기상태가 극적으로 개선된 결과를 보여주고 있다.

일반적으로 자동차 배출가스의 주요 성분은 매연을 비롯하여 일산화탄소, 질소산화물, 탄화수소류와 다환방향족물질 등과 같이 동물실험 및 역학연구 등을 통해 발암성을 나타내는 인체에 유해한 인자들이 다수 포함되어 있다. 이 때문에 자동차 배출가스는 각종 호흡기 및 심혈관 질환의 발생위험을 높일 수 있는 것으로 제시되고 있다. 전 세계 250개 도시를 대상으로 실시한 최근 연구결과에 따르면 자동차 매연으로 인하여 매년 전 세계적으로 160만 명이 사망하는 것으로 추정되는 등 자동차 매연으로 인한 건강피해 문제가 본격적으로 제기되고 있다. 2013년 덴마크 연구진은 미세먼지가 10 마이크로 그램 상승할 때마다 폐암발생 위험이 22% 증가한다는 연구결과를 발표했다. 그해 세계보건기구(WHO) 산하 국제 암연구소는 디젤차의 매연을 기존 2급에서 1급 발암물질로 상향 조정했다. 이때부터 미세먼지에는 '소리없는 살인자'라는 닉네임이 붙었다.

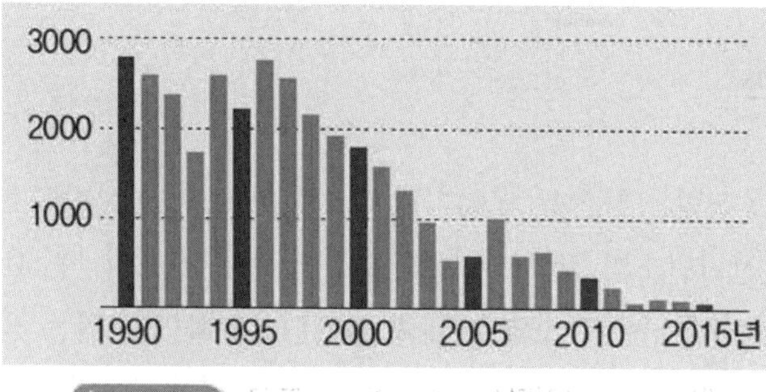

그림 4-2 도쿄의 시야 불량 시간의 감소 추세

출처 : 동아일보 2017.05.13.

4.3.2 화석연료의 연소

화석연료는 인간 활동에 에너지원으로 사용된다. 석탄이나 석유, 천연가스는 생물체가 변하여 만들어진 화석 연료이기 때문에 황이나 질소를 포함하고 있고, 연소 시 산화하여 황산화물(SO_x)이나 질소산화물(NO_x)을 형성한다. 황산화물과 질소산화물의 경우 거의 100% 가까이, 미세먼지의 경우 85%까지가 에너지의 생산과 사용으로부터 발생한다.

석탄과 석유는 많은 국가의 경제성장을 견인해 왔으나 발전소, 산업시설과 차량에서 배출되는 오염 물질은 매년 대략 3 백 만 명의 조기사망과 관련되는 대기오염의 주요한 원인이 되고 있다. 석탄은 석유에 비해 오염물 배출량이 많고 이러한 경향은 특히 이산화질소, 황화수소 및 입자상물질의 배출에서 두드러진다. 황산화물의 경우 연소시설 배출량의 80% 이상이 석탄에서 발생된다. 황산화물은 호흡기성 질병의 원인이며 산성비의 원인물질이다. 청정연료라 불리는 천연가스는 이산화질소를 제외하면 오염물 배출이 매우 적으며, 배출된 이산화질소는 질소의 순환과정에 포함되어 상당부분이 쉽게 제거된다.

4.3.3 산업공정

각종 제품의 제조 시 여러 형태의 오염물이 발생하며 오염물의 발생과정이나 종류는 매우 다양하다. 산업공정에서 대기오염 물질의 발생경로는 크게 세 가지로 구분되는데 각각 제품의 원료, 제조과정의 부산물이나 처리제, 그리고 폐기물이나 폐자재에서의 발생이다. 정유, 금속의 정제, 석유화학공업 등에서는 원료자체가 증발하거나 휘발되어 오염물이 배출된다. 석탄이나 철강, 목재 등의 취급 시에는 입자상태의 오염물이 분산될 수 있으며 곡물의 가공이나 포장 시에도 분진이 발생한다.

산업공정상에서 황산화물은 매우 많이 발생되며 입자상 물질은 전체 배출량의 절반을 차지하고 있다. 입자상 물질은 카본 블랙의 제조, 곡물의 가공 및 취급, 그리고 철강의 제련과 각종 가공공정에서 많이 배출된다.

4.3.4 쓰레기 소각

쓰레기 소각 시에 발생하는 일산화탄소, 탄화수소, 다이옥신의 배출량은 다른 오염원보다 큰 비중을 차지한다. 쓰레기는 연료가 아니므로 완전연소가 어렵기 때문이다. 소각시설중 문제가 큰 것은 노천소각장이며 소각처리시설에서 배출된 오염물도 오염원으로 작용한다.

다이옥신이란 1개 또는 2개의 산소 원자에 2개의 벤젠고리가 연결된 3중 고리구조에 8개의 염소원자를 갖는 다염소화 된 방향족 화합물을 말하며 200여개 이상의 이성체가 존재한다. 과거의 고엽제 제조 작업 등에서는 물론, 현재에도 도시 쓰레기의 소각이나 염소를 사용한 펄프 표백 등의 과정에서 비의도적인 부산물로 발생하며, 독성이 매우 강한 것으로 알려져 있다.

4.4 대기오염 물질의 종류

대기오염물질은 매연, 먼지, 가스 및 악취 등으로 사람의 건강상 또는 재산상 해를 미치거나 동·식물의 생육환경 등 자연환경에 나쁜 영향을 미치는 물질을 말하며, 여러 가지 방법으로 분류 할 수 있다. 첫 번째 방법은 대기오염물질을 생성원(origin)에 따라서 일차오염물질(primary pollutant)과 이차오염물질(secondary pollutant)로 나누는 것이다.

두 번째 분류방법은 대기오염물질을 기체상 오염물질(gaseous pollutant)와 입자상 오염물질(particulate pollutant)로 구분하는 것이다. 기체상 오염물질이란 일정한 온도 및 압력(표기준상태: 20℃, 1기압)하에서 가스 또는 증기로 존재하는 물질을 말하며, 황산화물, 질소산화물, 탄화수소, 휘발성 유기화합물 등이 여기에 속한다. 입자상 오염물질이란 매우 작은 크기의 액체 및 고체로서 먼지(dust), 연기(smoke), 액적(mist), 비산재(fly ash), 훈연(fume) 등이 있다.

세 번째로 분류방식은, 모든 오염물질과 마찬가지로 대기오염물질을 화학 조성에 따라서 유기화합물과 무기화합물로 나누는 것이다. 예를 들어, 유기화합물에는 탄화수소, 알데하이드, 케톤 등이 있으며, 무기물에는 황산화물, 질소산화물, 탄소산화물(CO와 CO_2) 등이 있다.

표 4-4 대기오염 원인물질의 종류와 유해성

오염원	설명	발생원	유해성
일산화 탄소	호흡하는 동물에 독성이 있는 무색무취의 기체. 탄소 함유연료 의 불완전 연소로 발생	담배 연기, 화석연료의 불완전 연소, 차량 배기가스	헤모글로빈과 산소의 결합능력 감소. 지각과 사고능력에 손상. 두통, 졸음, 현기증, 심하면 사망
이산화 질소	광화학 스모그의 원인. 갈색의 자극성 기체	자동차, 발전소, 공장의 연소시설	폐 염증, 천식, 기관지염, 호흡기 전염병, 시정감소, 나무, 토양, 수중생물 피해, 금속과 석재 부식
이산화황	무색 연료, 연소 시 자극성 발생. 황이 포함된 화석	발전소, 산업공정	호흡문제, 기관지염, 시정감소, 물 피해, 나무, 토양, 수중생물 피해, 금속과 석재 부식
부유입자상 물질	각종 입자와 방울	발전소, 공장, 자동차 디젤 연료, 농업(들판 태우기), 비포장도로, 건설현장	코, 목 염증, 폐 손상, 기관지염, 천식 등
오존	광화학 스모그의 원인, 높은 반응성의 자극성 기체	휘발성유기화합물→광화학스모그+질소산화물	호흡곤란, 기관지 염증, 심장병, 감기 및 폐렴에 저항력손상 식물과 나무 손상
납	고체의 독성금속. 입자상으로 대기에 배출됨	페인트 유연 가솔린, 제련소, 축전지	뇌와 신경계 손상. 정신지체 원인. 암 유발
VOCs	대부분의 탄화수소, 광화학 스모그의 원인		
이산화탄소	대류권 기온증가, 기후변화		

4.4.1 미세먼지

(1) 분진 또는 먼지

고체 오염 물질로는 분진을 들 수 있다. 분진 또는 먼지(TSP, total suspended particle)는 아주 작은 고체상태 또는 액체 상태로 공중에 떠다닌다. 이러한 입자 상태의 부유 물질은 먼지, 연기, 안개, 스모그(smog) 등과 같은 상태로 존재한다. 입자의 크기는 'μm' 단위로 표시하며, 1μm는 100만분의 1m가 되고, 우리나라의 먼지 오염의 기준에서 초미세먼지는 '연간 평균치 25μg/m³이하', 또 '24시간 평균치 50μg/m³이하'이며, 미세 먼지는 '연간 평균치 50μg/m³이하', '24시간 평균치 100μg/m³이하' 로 정해 놓고 있다.

미세먼지는 직경에 따라 10μm(PM10)과 2.5μm(PM2.5) 등으로 구분하며, PM2.5는 1000분의 2.5mm보다 작은 먼지로, 머리카락 직경(약 60μm)의 1/20~1/30 크기보다 작은 입자이다. 미세먼지는 공기 중 고체 상태와 액체 상태 입자의 혼합물로 배출되며 화학반응을 통해서 또는 자연적으로 생성된다. 또한 사업장 연소, 자동차 연료 연소, 생물체 연소 과정 등 특정 배출원으로부터 직접 발생한다.

PM2.5의 경우 상당량이 황산화물(SO_x), 질소산화물(NO_x), 암모니아(NH_3), 휘발성 유기화학물(VOCs)등의 전구물질이 대기 중의 특정 조건에서 반응하여 2차 생성된다. 자연적으로 존재하는 입자로는 광물 입자(예: 황사), 소금 입자, 생물성 입자(예 : 꽃가루, 미생물) 등이 있다. 미세먼지 조성은 매우 다양하나, 주로 탄소성분(유기탄소, 원소탄소), 이온성분(황산염, 질산염, 암모늄), 광물성분 등으로 구성되어 있다.

미세먼지는 천식과 같은 호흡기계 질병을 악화시키고, 폐 기능의 저하를 초래한다. 특히 우리가 숨을 쉴 때 우리의 호흡 기관을 통해 폐 속으로 침투해 각종 호흡기 질환의 직접적인 원인이 되며, 결과적으로 우리 몸의 면역 기능을 크게 훼손시킨다. PM2.5는 입자가 미세하여 코 점막을 통해 걸러지지 않고 흡입 시 폐포까지 직접 침투하여 천식이나 폐질환의 유병율과 조기사망률을 증가시킨다. 또한 미세먼지는 가시도 거리를 감소시키고, 식물의 잎 표면에 침적되어 신진대사를 방해하며, 건축물이나 유적물 및 동상 등에 퇴적되어 부식을 일으킨다.

표 4-5 분진의 크기별 인체에 미치는 영향

분진의 크기	인체에 미치는 영향
0.5㎛ 이하	폐포에 부착된 후, 호흡운동에 의해 외부로 배출
0.5 – 5.0㎛	폐포를 통하여 혈관 또는 임파선에 침입
5.0㎛ 이상	목이나 기관지 점막으로 흡입된 후, 섬모운동에 의해 객담으로 배출 또는 위로 이동

표 4-6 **대기환경 기준**

항목	단위	구분	국가 기준	서울시 기준
미세먼지 (PM10)	μg/m³	연간 평균치	50	50
		24시간 평균치	100	100
초미세먼지 (PM2.5)	μg/m³	연간 평균치	25	25
		24시간 평균치	50	50
오존(O_3)	ppm	8시간 평균치	0.06	0.06
		1시간 평균치	0.1	0.1
이산화질소 (NO_2)	ppm	연간 평균치	0.03	0.03
		24시간 평균치	0.06	0.06
		1시간 평균치	0.1	0.1
일산화탄소 (CO)	ppm	8시간 평균치	9	9
		1시간 평균치	25	25
아황산가스 (SO_X)	ppm	연간 평균치	0.02	0.01
		24시간 평균치	0.05	0.04
		1시간 평균치	0.15	0.12

서울의 미세먼지 오염도는 선진국 주요 도시에 비해 1.7~3.5배 수준이다. 2000년도 서울의 미세먼지 평균 농도는 71μg/m³로, OECD 국가의 주요 도시 중 최악(같은 해 런던과 파리는 20μg/m³에 불과)이며, 이산화질소(NO_2) 농도 역시 선진국 평균의 1.7배 수준으로 서울의 하루 최고농도 0.138ppm은 런던의 0.07ppm의 2배에 달한다. 미국 보건영향연구소(HEI) 자료에 따르면, 한국의 연평균 미세먼지(PM2.5) 농도는 2015년 29μg/m³(OECD 평균치는 15μg/m³)로, OECD 국가 중 가장 나쁜 상태이다.

(2) 황사현상

황사현상이란 상류기류에 실린 토사가 지상 4~5km 상공까지 도달한 후 강한 고층 기류에 의해 먼 지역까지 확산되는 현상을 말한다. 우리나라에 영향을 미치는 황사는 중국 내륙 건조지대 및 고비사막 등에서 발생한다. 중국에서 발생한 황사가 우리나라에 도달하는 시간은 생각보다 빨라 편서풍을 타고 하루나 이틀 정도 걸린다고 한다.

최근에는 이 먼지바람에 중국의 급속한 공업화에 따라 중국 대륙에서 발생한 오염물질까지 함께 실려 와 사람들의 관심을 끈 바 있다.

황사가 심한 날에는 멀리 있는 산은 물론 높은 빌딩조차 구분하기 어려운 경우가 많다. 먼지가 가시거리를 감소시키기 때문이다. 우리나라 일부 학자가 관측한 바에 따르면 황사현상이 있을 경우 먼지의 농도는 평상시에 비해 약 2~4배정도 증가한다고 한다. 그러나 더 중요한 것은 기관지와 폐 세포까지 도달하는 미세한 호흡성 먼지의 농도가 크게 증가한다는 사실이다. 황사기에 호흡기질환이 느는 것은 호흡성 먼지의 증가와 밀접한 관련이 있다.

황사 철에는 중국, 몽골 등에서 발생된 모래먼지가 바람 등 기상조건에 따라 국내로 이동하여 1차적 직접 피해 및 황사에 포함된 오염물질에 의한 간접적 피해가 발생한다. 예컨대 대기의 혼탁으로 인한 가시도 저하로 시정장애를 초래하여 항공기, 여객선 운행 중단 또는 도로의 교통체증을 유발하고, 미세먼지농도의 급격한 증가로 호흡기질환, 안질환 등 건강피해가 느는 물론, 식물 잎 표면에 먼지가 침적되고 그로 인한 투광률 저하로 식물생장에도 지장을 주며 가축의 호흡기계 질환 등을 야기한다. 반도체 등 정밀산업의 불량품 발생률 또는 방지비용 증가 등의 영향을 미치기도 한다.

4.4.2. 황산화물(SO_x)

황산화물은 주로 이산화황(SO_2)과 삼산화황(SO_3) 두 가지 화합물을 말하는 것으로 자극성이 강하고 유독하다. 황산화물은 석유나 석탄 같이 황을 함유하고 있는 연료가 연소할 때 공기 중의 산소와 결합되어 발생한다. 공기 중에서 이산화황은 산소와 결합하여 삼산화황(SO_3)을 만들게 된다. 이렇게 만들어진 삼산화황은 대기 중 미세 물방울에 용해되어 황산 안개를 만들고 이는 산성비(acid rain)의 원인이 된다.

$$2SO_2 + O_2 \rightarrow 2SO_3$$

$$SO_3 + H_2O \rightarrow H_2SO_4$$

산성비는 호수의 물고기를 죽게 하고 호수 생태계를 파괴한다. 그 외에도 산성비는 대리석, 석회석 같은 건축 자재를 부식시켜 건물 수명을 단축시키는 등 인간의 생활에 직·간접적으로 심각한 피해를 주고 있다.

석유나 석탄을 태울 때는 그 속에 들어 있는 유황 화합물들이 연소되어 아황산가스

(이산화황과 삼산화황을 모두 말함)가 약 2%정도 생긴다. 납, 아연, 구리 등의 제련 과정에서도 많은 양의 황산화물이 생성된다. 대기 중에 아황산가스가 높게 나타나면 심각한 기관지 장애가 발생하기도 한다. 또한 이산화황 기체가 식물의 기공을 통하여 흡수되면 식물의 엽록소를 파괴하여 광합성 작용을 저해한다. 식물의 세포가 파괴되면 잎이 얇아지고 누렇게 변하거나 흰색의 표백현상을 일으켜 반점이나 줄무늬 모양이 생기고, 이것이 심해지면 잎이 떨어지며 말라 죽는 경우도 있다.

아황산가스의 측정 단위는 'ppm'을 사용하며, 우리나라에서는 오염 기준을 '연간 평균치 0.03ppm' 이하로 정해 놓고 있다.

4.4.3 일산화탄소와 탄소산화물

탄소 함유 기체로는 일산화탄소(CO), 탄화수소 및 산화탄화수소가 있다. 일산화탄소는 화석 연료(석탄 및 석유)의 불완전 연소 과정 중에 생성되며, 무색무취로 독성을 가진 기체이다. 대기 중 농도는 0.51ppm으로 낮지만 낮은 농도에서도 장시간 노출될 경우 인체에 큰 장애를 일으키게 된다. 일산화탄소는 혈액 속 헤모글로빈과 결합하여 카르복시헤모글로빈을 형성해 산소결핍증을 유발할 수 있다. 혈액 중 헤모글로빈의 5% 정도가 일산화탄소와 결합하면 행동 장애가 일어난다고 한다. 이처럼 일산화탄소 중독은 만성적으로는 청각 장애와 시각 장애를 일으키고, 급성중독은 뇌와 신경 조직에 가장 큰 피해를 준다. 과거 연탄가스 중독 사고는 일산화탄소에 의한 중독으로 일어났다.

또, 탄화수소(hydrocarbons)는 탄소와 수소의 다양한 비율로 구성되는 화합물이며, 연료의 불완전 연소로 인해 발생한다. 인간 활동에 의해서는 대부분 자동차 배기가스와 무연탄에서 발생한다. 자동차 배기가스에서 나오는 방향족이나 다환족 화합물들은 인간이나 동식물에 피해를 입힌다. 이들 중에서 벤젠(benzene)이나 벤조피렌(benzopyrene) 등은 발암물질로 알려져 있다. 탄화수소는 대기 중에서 햇빛을 받아 광화학 반응을 일으켜 광화학 스모그를 만든다.

4.4.4 질소산화물(NO_x)

질소산화물이란 질소(N)와 산소(O)로 이루어진 다양한 화합물을 총칭하여 일컫는 말이다. 질소산화물은 연소공기 중의 질소 및 연료에 포함된 질소가 연소온도에 영향을 받아 산소와 결합하여 생성되며 NO_2, N_2O, NO, N_2O_3 등이 해당된다. 대표적인 질소산화물로는 일산화질소와 이산화질소(NO_2)가 있다. 자동차의 배기가스는 질소산화물의 주요 배출원 가운데 하나이다. 이 외에도 파워 플랜트 같은 고온 연소공정과 화학물질 제조공정 등이 있다.

질소산화물의 이러한 질소산화물에 노출 될 경우 식물보다는 사람이 피해를 받기 쉬우며 대기 중 휘발성유기화합물(VOCs)과 반응하여 오존(O_3)을 생성하는 전구물질(precursor) 역할을 하기도 한다.

배기가스의 연소 과정에서 배출되는 질소산화물은 대부분 일산화질소이다. 일산화질소는 무색, 무미, 무취이다. 일산화질소는 공기 중에서 산소와 반응하여 독성이 더욱 큰 이산화질소(NO_2)로 변한다. 이 반응은 광화학적 스모그가 일어나는 조건에서 잘 일어난다.

$$2NO + O_2 \rightarrow 2NO_2$$

이산화질소는 질소와 산소로 이루어진 화합물로서 영어로는 nitrogen dioxide, 분자식은 NO_2이다. 장기간 노출 시 호흡기 질환을 유발할 수 있으며, 점막 등에 자극성을 나타낸다. 실내에서는 가스레인지, 난방연료, 흡연 등에서 발생하며, 실외에서는 자동차 배기가스와 공장 등의 연소과정에서 주로 배출된다. 이산화질소는 그 자체로도 독성이 있지만 (NO_2의 독성은 NO의 5~10배), 자외선, 분진 등과 반응함으로써 스모그 발생의 원인이 되기도 한다. 이산화질소는 대기 중 휘발성유기화합물(VOCs)과 반응하여 오존(O_3)을 생성하는데 밀접한 관련이 있는 것으로 알려져 있다.

고농도 이산화질소에 노출되었을 시 눈과 호흡기 등에 자극을 주어 기침, 현기증, 두통, 구토 등이 나타나고 심하면 폐수종, 폐렴, 폐출혈, 혈압상승으로 의식을 잃기도 한다. 저농도에 장시간 노출되어도 만성중독으로 기관지염, 폐기종, 위장병 등을 일으키며 혈당감소, 헤모글로빈의 증가 등을 가져온다. 식물에 대한 피해로는 식물세포를 파괴하여 꽃식물의 잎에 갈색이나 흑갈색의 반점이 생기게 한다.

4.4.5 오존

오존(ozone)은 어디에 있는가에 따라 인간에게 좋은 영향을 끼칠 수도 있고 나쁜 영향을 끼칠 수도 있다. 오존은 성층권에서 오존층을 형성해 태양에서 오는 자외선을 95~99% 가량 흡수함으로써 지구의 지표면에 존재하는 생명체들이 유해한 자외선의 피해를 받는 것을 막아주고 있다. 그러나 오존은 사람이 살고 있는 지표면에서는 강한 산화력 때문에 호흡기관에 유해한 영향을 끼칠 수 있다.

성층권에서는 산소가 자외선과 반응하여 오존이 발생된다. 이러한 오존층은 주로 높이 20~40㎞ 사이의 성층권에 가장 많이 분포한다. 산소는 성층권에서 파장이 매우 짧은 자외선을 오존으로 만드는 역할을 한다. 따라서 성층권에서는 오존이 끊임없이 만들어지고, 또 파괴되기도 한다. 이와 같이 오존은 만들어지는 속도와 파괴되는 속도가 균형을 이루어 결국 일정한 양의 오존이 존재하게 된다. 이 오존은 대류권에서 질소 산화물과 식물에서 방출된 탄화수소의 화석 반응으로 생기며, 이는 광화학 스모그의 중요한 구성 요인이 된다.

대기 중에서 오존은 강한 햇빛의 존재 하에 자동차 등에서 배출되는 질소 산화물과 휘발성 유기 화합물이 반응하여 생성된다. 오존은 강한 햇빛의 존재 하에서 생성되므로 여름철의 기온이 높고 바람이 거의 없는 날의 오후 2시-6시에 최고 농도를 보이게 된다. 또한 자동차 배기가스 역시 오존생성의 85% 이상의 주요원인이 된다. 주유소, 인쇄소, 소각시설, 세탁소 등에서도 오존이 미량 발생하기도 한다.

전구물질의 하나인 휘발성유기화합물(VOCs)은 자동차, 화학공정, 석유정제, 도로포장, 도장 산업, 인쇄, 세탁소 등에서 주로 배출되며 삼림에서도 많은 양이 자연배출되고 있다. 오존은 성층권에서 자외선을 차단하여 생태계를 보호해 주는 역할을 하기도 하며 인위적 전구물질의 광화학 반응에 의한 대류권에서의 생성 외에 해안가, 삼림 등에서 자연생성 되는 부분도 존재한다.

반면에 대류권에서 생성되는 오존은 대기 중의 질소산화물(NO_x)과 휘발성 유기화합물(VOCs)이 햇빛 중의 자외선에 의한 광화학반응으로 생성된 2차 대기오염물질로서 광화학 옥시던트(oxidant)의 일종이다. 이렇게 대류권의 낮은 층에 존재하는 오존은 광화학 스모그를 유발하여 시정을 악화시키고 생물체의 호흡기나 눈을 자극하는 등 해를 끼친다. 오존에 반복해서 노출될 경우에는 가슴 통증, 기침, 메스꺼움, 목 자극, 소화기능 이상 등이 발생할 수 있다. 특히 천식과 같은 호흡기 질환자, 어린이, 노약자 등에게는 큰 영향을 미치므로 주의가 필요하다. 또한 농작물과 식물에도 직접적으로 영향을 미쳐 수확량이 감소하고 잎이 말라서 죽기도 한다.

오존은 사무실에서 흔히 사용하는 복사기나 레이저프린터와 같은 높은 전압의 전기를 사용하는 전자제품에서 발생할 수도 있다. 또한 일부 공기청정기에서는 오존을 발생시켜서 공기를 정화하고 있다. 그러나 이런 제품들을 실내에서 장기간 사용할 경우, 실내의 오존의 농도가 높아지게 되고, 이러한 실내에 반복적으로, 장기간 있게 되면 눈과 목이 따가워지고 기도가 수축되어 호흡이 곤란해지며, 두통이나 기침 증세를 유발할 수 있다. 이러한 노출이 반복될 경우, 폐가 손상될 위험성이 있는데 가슴의 통증을 느낄 수도 있고, 심한 경우 호흡기 질환으로 발전할 수 있다.

자연량을 초과하는 지표면의 오존은 나쁜 오존으로 간주한다. 나쁜 오존은 인위적으로 형성된 오염원 가스의 화학반응을 통해 형성된다. 오존은 반응성이 강하여 수많은 생물학적 분자를 파괴하거나 변형하기 때문에 지표면의 오존이 자연 수준 이상으로 증가하는 것은 인간, 식물을 비롯한 생물체에 유해하다. 다량의 오존에 노출되면 작물 수확량과 산림 재배양이 감소한다. 인간이 다량의 오존에 노출되는 경우, 폐활량이 줄고 가슴 통증, 인후자극, 기침을 유발하며, 심장과 폐질환 환자들의 경우에는 증상이 악화된다.

오존은 산화성물질(oxidants)의 지표물질, 시정악화 및 재료부식에 기여하며, 저농도에서도 호흡기 기능저하를 가져온다. 직접적인 배출원은 없으나 질소산화물(NO_x)과 휘발성유기화합물(VOCs)의 광화학 반응에 의해 생성된다. 오존은 코나 혀를 자극하는 냄새가 특징이며 예민한 사람은 0.001ppm의 농도에서도 느낄 수 있으며 0.05 - 0.1ppm이면 불쾌한 냄새를 맡을 수 있다.

오존에 대한 반복노출은 폐에 피해를 줄 수 있는데, 가슴통증, 기침, 메스꺼움 등을 유발하고 소화에 영향을 미치며 심하면 기관지염, 심장질환, 폐기종, 천식의 악화를 가져온다. 특히, 호흡기 질환자, 노약자, 어린이들에게 영향이 크므로 고농도 상황 시 주의를 필요로 한다. 또한 잎이 말라 죽기도 하는 등의 농작물과 식물에 직접적으로 영향을 미쳐 수확량이 감소되기도 한다.

오존은 강력한 산화력이 있기 때문에 적당량이 존재할 때는 살균, 탈취 등의 작용으로 인간에게 이롭게 사용된다. 그러나 '오존농도가 일정 기준이상 높아질 경우' 호흡기나 눈이 자극을 받아 기침이 나고 눈이 따끔거리거나 심할 경우 폐기능 저하를 가져오는 등 인체에 피해를 주기도 하고, 농작물의 수확량 감소를 가져오기도 한다. 0.03ppm에 한 시간 노출 시 육상 기록이 현격히 저하되기도 하며, 오존주의보 발령 다음날 서울시 사망률이 7% 증가한다는 보고도 있다.

우리나라 오존의 대기환경기준은 1시간 평균치가 0.1ppm 이하, 8시간 평균치는

0.06ppm 이하이다. 또한 우리나라에서도 1996년부터 오존경보제를 실시하고 있다. 오존경보제는 대기 중 오존의 농도가 일정기준 이상 높게 나타났을 때 경보를 발령함으로서 해당지역주민들의 건강과 생활환경상의 피해를 최소화하기 위하여 실시하는 제도이다. 경보는 주의보(0.12ppm이상), 경보(0.3ppm이상), 중대경보(0.5ppm이상) 등 3단계로 발령한다. 오존주의보가 내려지면 오존에 특히 예민한 어린이, 노약자, 천식환자들은 실외활동을 피하도록 한다.

오존경보제 발령 시, 오존이 인체에 미치는 영향은 다음과 같다.

- 주의보 발령 시에는 눈, 코 자극, 불안, 두통, 호흡수 증가,
- 경보 발령 시에는 호흡기자극, 가슴압박, 시력감소,
- 중대경보 발령 시에는 폐 기능 저하, 기관지 자극, 패혈증 등의 피해가 나타난다.

표 4-7 오존이 인체에 미치는 영향

오존 노출 농도 인체에 미치는 증상	
0.01 ~ 0.02ppm	다소 비릿한 냄새를 느낀다.
0.20 ~ 0.50ppm	시각이 흐릿해진다.
5.00 ~ 10.0ppm	마비 증세가 나타난다.
15.0 ~ 20.0ppm	쥐와 같은 작은 동물은 2시간 이내에 죽는다.
50ppm 이상	1시간 이내에 사람이 사망 한다.

4.5 대기오염의 피해 영향

4.5.1 오존층의 파괴

성층권에 자리 잡고 있는 오존층은 인간에게 피해를 주는 자외선을 막아준다. 오존층에 의해 차단되지 않는다면 자외선은 인간에게 심한 손상을 입히게 된다. 이는 피부암을 일으키고 눈과 그 밖의 생물학적 유기체에 해를 끼친다.

또한 오존층은 자외선을 흡수함으로써 열을 방출하여 대기 중에서 열의 균형을 유지하는 데 도움을 준다. 그러나 인간의 활동에 의해 생성되는 일부의 기체가 오존층

을 파괴한다면 자외선을 차단할 수 없으며, 이로 인해 앞서 설명한 많은 피해가 나타난다. 이러한 오존층 파괴의 원인은 프레온 기체로, 이는 스프레이의 분사, 냉장고 및 에어컨의 냉매, 플라스틱 발포제, 그리고 전자 산업의 용매 등에 널리 쓰이는 합성 화합물이며 대기 중에서 아주 안정된 기체인 염화불화탄소이다.

4.5.2 산성비

질소를 포함하는 화합물의 산화로 만들어진 이산화질소와 화석 연료가 연소될 때 만들어진 아황산가스가 빗물과 반응하여 황산이나 질산이 된다. 이 때 빗물의 pH가 5.6미만인 경우, 이를 산성비라고 한다.

대기 중에는 탄산가스가 보통 0.033% 존재하고 있으며 비가 올 때는 탄산가스가 빗물에 용해되어 탄산을 형성하여 수소이온농도지수(pH)가 5.6정도 된다. 그러나 아황산가스나 이산화질소에 오염된 빗물은 황산과 질산을 형성하여 pH5.6이하의 더 강한 산성을 띠게 되는데 이러한 빗물을 산성비라고 한다.

산성비는 우리나라의 대기 오염에 의해서만이 아니라 이웃 나라의 대기 오염에 의해서도 발생하는데, 이는 이산화질소나 아황산가스가 대기 중에 떠돌다가 기류를 타고 멀리까지 이동하다가 비를 만나면 질소와 황산이 되어 내리기 때문이다.

산성비에 의한 인간의 피해는 대단히 광범위하게 나타난다. 직접적으로 사람이 산성비를 많이 맞게 되면 저항력이 약해지고, 피부가 빨리 노화되며 피부병이나 피부암에 걸릴 수 있다. 산성비는 넓은 지역에 걸쳐 내리기도 하므로 호수를 황폐화시킬 수 있으며, 따라서 물고기도 죽는다. 산성비를 많이 맞은 땅은 토양이 산성화되어, 식물이 자라지 못하며, 농작물의 수확이 줄어들고, 흙 속의 지렁이나 미생물이 죽게 되어 생태계 전체를 파괴시킬 수 있다.

4.5.3 온실 효과

온실 효과는 인간의 활동으로 인한 이산화탄소의 증가로 인해 지구의 복사력이 지구 밖으로 나가는 것을 막음으로 해서 생기는 효과를 말한다. 이산화탄소는 대기 중의 성분만으로 자연적으로 발생되고, 식물과 동물에 의해 순환되나, 이처럼 자연 법칙에 의해 발생하여 순환되는 일정량 밖에서, 인간의 산업 활동에 의해 과다하게 만들어진 이산화탄소 때문에 문제가 발생하게 된다.

온실 효과가 생기면 지표의 온도가 상승하게 되고, 지표 온도가 상승하면 극지방의 얼음이 녹게 되고 해수면이 높아져 기상 이변이 일어나며, 생태계에 변화를 가져온다. 다시 말해서 지구의 각 지역에서 일정 온도에 적응했던 많은 동물과 식물이 미생물의 급격한 번식으로 인해 병들거나 죽게 된다. 또 동식물들은 갑작스런 기온의 상승에 바로 적응할 수 없어 변종이 되거나 멸종되므로, 생태계의 균형 고리가 깨어지면서 전체 생태계에 위기가 올 수도 있다. 지구의 온도에는 수십억 년 동안 많은 변화가 있었으나, 그것은 긴 시간동안 서서히 진행되는 것이었으므로 생물이 적응할 충분한 시간적 여유가 있었기 때문에 생태계의 균형도 유지되어 왔던 것이다.

다시 말해, 온실 효과란, 온실에 특별히 난방 장치를 하지 않아도 온실 내부의 온도가 상승하는 것과 같이, 지구 주위를 둘러싸고 있는 기체가 마치 온실의 유리나 비닐과 같은 역할을 하여 지구의 온도가 올라가는 것을 말한다. 온실 효과는 이산화탄소가 50%, 메탄가스가 20%, 염화불화탄소가 15%, 일산화탄소가 10%, 기타가 5%를 일으키는 것으로 알려져 있다.

산업 활동 및 에너지 이용이 현재대로 계속되면, 2030년경에는 기온이 현재보다 1℃ 높아지고, 해수면의 높이도 약 20㎝ 정도 올라가며, 2100년경에는 기온이 3℃ 높아지고, 해수면도 약 65㎝ 정도 높아질 것으로 전망하고 있다.

4.5.4 인간에게 미치는 영향

2012년도 세계보건기구(WHO)의 자료를 보면, 차량과 공장이 배출한 대기오염으로 인한 호흡기 질환과 심장병 등으로 매년 300여만 명이 사망 하는 것으로 나타났다. 미국의 경우 교통사고 사망자는 연간 4만 명이고 대기오염으로 인한 사망자는 7만 명에 달하는 것으로 조사됐다. 한편, 이와 같은 대기오염으로 인한 조기사망자는 중국, 인도, 아프리카에서 대부분 발생하고 있다.

한·미 양국 연구팀이 1995~98년 서울지역 20개 관측소에서 매시간 대기오염수치를 측정한 뒤, 같은 기간 서울에서 발생한 22,000명의 심장발작 사망사고를 일산화탄소, 질소, 산소, 오존, 미세먼지 등의 비율변화와 비교·분석한 결과, 미세먼지와 오존 수치의 증가는 거의 즉각적인 심장발작 사망 증가를 초래했으며, 대기 내 질소, 일산화탄소, 이황산가스 등의 증가도 큰 연관이 있었다고 발표하였다. 또한 “심폐질환을 앓는 환자들이 서울시내 대기 중 미세먼지에 노출될 때 발생할 수 있는 급성사망자 수가 전체 사망자의 약 8%나 될 것으로 추정된다."면서 "이는 외국의 5~6%보다 높은 수치"라고 말하고 있다.

한편, 현재 서울의 대기 상태 중 오염물질 농도 변화에 따라 저체중아가 4~8%까지 늘어나는 것으로 조사됐다. 서울시의 미세먼지로 인한 사망률도 2000년 5%(2천명)에 불과했던 것이 2012년 10%를 넘어선 뒤 2020년 11%에 이를 것으로 보이며 수도권에서는 대기오염으로 인해 매년 10조원의 손해가 발생하는 것으로 추정된다.

인간의 호흡기 계통은 산소를 혈액으로 끌어들이고 이산화탄소를 체외로 버리는 작용을 하며 이것은 숨을 쉴 때마다 반복된다. 산소를 포함한 공기가 코와 입을 통하여 폐포까지 들어가면 산소는 폐를 통하여 혈액으로 확산된다. 반면에 이산화탄소는 혈액으로부터 폐포로 전달되어 밖으로 배출된다. 이와 같은 호흡기 계통의 작용으로 공기 중의 질소와 산소 그리고 미량의 오염 물질이 호흡기로 들어간다.

일반적으로 사람이 오염된 대기에서 생활하면 우선 눈, 비강 및 상기도 점막에 먼저 감각적인 영향을 받으며, 생리적으로 가역적인 반응이 일어난다. 계속해서 노출되면 그 증상은 악화되어 급성 질환으로 변한다. 이 질환이 여러 번 반복해서 일어날 때 만성적인 피해가 나타난다. 따라서 대기오염으로 인한 영향은 급성적인 피해와 만성적인 피해로 구분한다. 폐질환, 심장 질환, 순환계 질환 등을 갖고 있는 사람이나 호흡기와 순환기 계통의 작용이 활발하지 못한 노약자들은 대기오염의 피해를 쉽게 받는다.

4.5.5 그 밖의 영향

그 밖에도 대기오염은 동·식물 등에 피해를 주며 특히 농작물에는 아주 큰 영향을 끼친다. 또 동물에는 중금속에 의한 피해를 줄 수 있으며 이때에는 설사, 혈변, 입에서 마늘 냄새가 나는 증상이 나타난다. 가스와 먼지에 의한 피해도 있는데 우연히 방출된 가스가 동물에게 피해를 끼치는 경우가 있다. 일례로, 미국의 유타 주에서 실험 중에 부주의로 방출된 신경가스 때문에 6,200여 마리의 양이 죽은 일이 있었다.

한편 대기 오염은 재료와 구조물에도 영향을 끼친다. 이를 테면 금속을 부식시킴으로서 금속 재료의 손실을 가져오고 전기적 특성을 변화시킨다. 또 건축 재료와 대리석 조형에 쓰이는 석회질의 질을 저하하고 손상시킨다. 섬유와 염료에도 영향을 끼쳐

더럽히거나 인장 강도를 떨어뜨리며, 그 외에도 가죽, 종이 페인트, 고무 등에 영향을 준다.

4.6 대기오염 방지기술

인공 오염원으로부터 배출되는 여러 종류의 대기 오염물질은 인간에 의해 통제가 가능하며, 중력침강, 분산, 흡수, 흡착, 전기적 중화 등의 제거 원리를 응용하여 제작된 장치 및 기술에 의해 적절하게 제어할 수 있다. 대기오염방지시설을 간단하게 분류하면 다음의 표와 같다.

표 4-8 대기오염 방지기술의 분류

1. 타입별 분류	2. 목적별 분류
a. 건식 타입 b. 반건식 타입 c. 습식 타입	a. 먼지제거 장치 b. 유해가스 처리장치
A. 먼지 제거장치	B. 유해가스 처리장치
1) 중력식 2) 관성력식 3) 세정식 4) 여과식 5) 전기식 6) 음파식	1) 흡수 2) 흡착 3) 연소 4) 촉매반응 5) 응축 6) 오존

(1) 중력식 집진장치

이 장치는 처리가스의 속도가 작을 때, 입자의 중력을 이용하여 가스내의 입자를 침강시키는 시설이다. 가스 중의 50μm정도의 크기를 지닌 입자를 중력에 의해 포집한다. 설치면적이 크고 집진효율이 좋지 않기 때문에 주로 큰 입자를 취급하며, 다른 장치의 전처리 단계로 사용된다.

장점 설비유지비가 저렴
압력손실이 적음
먼지부하가 높고 고온가스의 처리에 용이

단점 미세먼지의 포집 효율이 낮음
먼지부하 변동 및 유량변화에 대한 적응성이 낮음
설치면적이 많이 요구됨

(2) 원심력 집진기

입자에 작용되는 원심력을 이용하여 처리가스로부터 입자를 분리시키는 장치이다. 입구로 들어온 처리가스는 장치 내부에서 선회류(vortex)를 형성하고 원심력을 얻은 입자는 선회류를 벗어나 장치의 내벽에 충돌하여 아래로 떨어져 제거된다.

장점 구조가 간단하며 설치공간이 적게 소요.
고온가스 처리가 가능
보수유지 비용이 적음

단점 미세분진의 포집 효율이 낮음
처리가스의 온도, 압력, 가스의 종류에 따른 처리효율의 변화가 큼
점착성, 부식성, 마모성 가스에는 부적합

(3) 여과식 집진기

여과집진기는 입자를 포함한 가스가 직물여과재를 통과하게 하여 입자는 여재에 걸러지고 청정화된 가스만 빠져 나가게 하는 장치이다.

장점 집진율이 우수
압력손실이 적고 취급이 간단

단점 습윤 환경에는 적용 란
고온의 가스나, 착성이 있는 가스에는 적용 곤란
보수 유지비용이 높음
폭발의 위험성 및 화재발생 가능성이 있음

(4) 전기집진 장치

압직류의 전기를 이용 전극판내에 전계를 형성시키고 코로나방전을 발생시켜 가스중의 입자를 하전시켜 하전된 입자를 집진극으로 이동시켜 분리 한다.

장점 집진효율이 높음
압력손실이 적음
고온가스의 처리가 가능(약500℃)
대량의 가스 처리가능
연속운전이 가능

단점 운전 조건 변동 어려움
초기 시설투자 비용이 높음
근무자의 안전성에 유의
보수유지비용이 높고 운전 관리가 어려움

(5) 세정식 집진장치

세정집진기는 입상물질을 액적과 접촉시켜 처리가스로부터 분리시키는 장치이다. 습식 집진이라 불리우며 세정액을 분산시키거나 또는 함진가스를 세정액에 분산하여 생성시킨 액막, 액적, 기포 등에 의하여 함진 가스중의 먼지 또는 유해가스를 포집한다.

장점 먼지의 재비산이 없음
분진의 종류 가스의 종류,습도 등에 대하여 영향을 받지 않음
유해가스와 분진의 동시처리가 가능

구조가 간단하며 설치공간이 적게 소요
고온가스의 처리가 가능
가연성, 폭발성 먼지의 처리가 가능

단점 급수 및 폐수처리 설비가 필요
소수성 분진은 효율이 적음
처리비용이 높은 편임

제5장 지구차원의 환경문제

5.1 산성비

5.1.1 산성비의 정의

수중의 산성이온의 강약을 표시하는 척도로 수소이온농도(pH)가 사용되는데, 중성은 pH가 7이다. pH값이 작을수록 산성이 강하며 pH값이 클수록 알칼리성이 강하다. 빗물에는 대기 중의 이산화탄소가 용해되어 빗물과 이산화탄소를 포함한 대기가 평형을 이루고 있는데, 이 상태에서의 pH는 5.6이다.

현대문명의 발달과 비례하여 화석연료의 사용량이 증가하였으며 그 결과, 석탄과 석유의 연소에서 나오는 아황산가스, 자동차에서 나오는 이산화질소의 양이 많아지게 되었다. 아황산가스나 이산화질소가 물에 녹으면 결국은 황산이나 질산이 되고, 빗물의 pH가 5.6 이하로 내려가게 되어 산성비(acid rain)가 된다. 산성비는 석탄, 석유 등의 화석연료가 연소할 때 배출되는 황산화물, 질소산화물이 대기 중에서 수분과 결합해, 최종적으로 황산이온, 질산이온 등으로 변화하여 pH가 5.6 이하인 비가 내리는 현상을 말한다.

1872년 영국의 화학자 로버트 스미스에 의하여 "acid rain" 즉, 산성비라는 용어가 사용되었으나, 그 이후 오래 동안 산성비에 대한 관심은 없었다. 그러다가 1962년 미국의 해양학자 레이첼 카슨이 저서 "침묵의 봄"에서 독성비(poison rain)라는 용어를 사용하면서 산성비에 대한 관심이 높아지고, 1962년에 스웨덴의 오덴이 산성비에 관한 연구를 본격적으로 시작함으로써 오늘날에 이르게 되었다.

5.1.2 산성비의 원인

산성비의 원인은 자연적인 발생과 인간 활동에 의한 생성으로 구분된다. 산성비를 만드는 원인물질은 다양한 인위적인 대기오염원(화석연료를 사용하는 발전소, 공장, 자동차 등)에서 배출되며, 여기에 더하여 자연적인 배출원(화산 폭발, 산불 등)과도 연관된다.

인간 활동과 관련된 산성비 생성의 원인은 황산화물과 질소산화물을 꼽을 수 있다. 황산화물은 우리가 소비하는 석유의 연소 시에 많이 발생하며, 질소산화물은 자동차의 연료가 고온으로 연소되는 과정에서 많이 발생한다. 이렇게 배출된 오염물질인 황산화물과 질소산물은 대기 중의 수증기와 반응하여 황산과 질산형태로 변화하여 비·눈·안개 또는 입자상 물질 등 다양한 형태로 지표면에 낙하, 생태계에 많은 영향을 주게 된다.

5.1.3 국내 산성비 현황

산성비는 우리나라에 내리는 연중 강우 가운데 약 40% 정도를 차지하는 것으로 나타났고, 계절별로는 대기오염이 심하고 강설에 의해 오염물질이 씻겨 내리는 세정효과가 큰 겨울철에 산성도가 높은 것으로 나타났다.

우리나라는 산성 강하물의 침적량을 파악하기 위해 산성강하물 측정망을 설치하여 운영하고 있으며, 현재 30곳 이상의 측정소가 있다. 이곳에서는 빗속의 pH를 비롯하여 강수의 산성도를 결정하는 주요 원인물질인 이온성분의 농도를 측정한다.

환경부에서 분석한 2008년의 자료를 보면 우리나라의 강우 내 연평균 pH는 전 지역이 4.3~6.2 범위로 지역에 따라 다소 차이를 보인다. 서울과 경기도 지역 및 전라도 지역이 비교적 낮은 pH(강한 산성도를 뜻함)를 보인 반면, 경상도와 강원도 지역은 산성도가 약하다.

5.1.4 국제적인 오염

산성비는 황산화물, 질소산화물 등의 발생원으로부터 기류 등에 의해 장거리로 이동하여, 멀게는 발생원으로부터 500~1,000km까지 떨어져 있는 지점에서도 관측되는 광역적인 특징을 지니고 있다. 북미나 유럽에서는 대기오염물질의 장거리 이동과 산성비에 의한 생태계 파괴 등을 심각한 문제로 파악하여 다국가 간의 대기오염물질 삭감량에 관한 대책안 마련을 협의하고 있다.

동북아시아 지역도 최근 산업화가 급격히 추진되고 있으며, 특히 중국의 산업화는 우리나라에 가장 큰 영향을 줄 것으로 예상된다. 우리나라의 산성 물질 침적량에 대한 배출국별 기여율을 살펴보면, 중국 등으로부터도 영향도 상당히 큰 것으로 나타나고 있다. 이에 따라 동북아지역 관련 국가간의 정보교환, 기술협력 등을 우리나라가 주관하여 활발히 추진해 나가고 있다.

산성비는 종래 선진국 문제로 인식되어 왔지만 근년 개발도상국의 급속한 공업화로 대기오염물질의 배출량이 증가하면서 지역의 대기오염문제와 더불어 광역적인 산성비도 큰 문제로 대두되고 있다. 1992년 리우에서 개최된 UN환경개발회의에서 채택된 의제21에서는 산성비 등의 광역적 환경문제에 대한 해결을 강조하고 있다.

5.1.5 생태계에 미치는 영향

삼림에 산성비가 내리면, 특히 pH가 3.0 이하가 되면 잎의 표면에 괴사반점이 나타나게 되며 잎의 기공이 손상을 입어 광합성작용이나 대사작용에 이상이 생긴다. 또한 토양 속의 인, 칼슘, 마그네슘 등 식물에 양분이 되는 광물질의 용해도가 크게 증가하여 씻겨버리므로 나무의 성장에 필요한 양분이 부족하게 된다. 또한 점차로 토양을 산성화시켜 흙 속의 박테리아, 곰팡이 등 미생물의 활동을 중단시킴으로써 결국은 식물에 피해를 주게 된다.

산성비는 호수(하천 포함)에 직접 내리기도 하지만, 호수 주변에 있는 토양이나 산림, 건물 등에 떨어진 후 호수로 뒤늦게 유입되기도 한다. 산성 물질이 강하하여 토양의 산성화가 진행되면, 토양에서 알루미늄이 용출된 상태로 호수 내에 유입된다. 이 알루미늄은 수생태계에 생존하는 생물종들에게는 독성이 매우 강한 물질이다.

강하한 산성 물질은 최종적으로는 하천과 호수로 흘러든다. 수중에도 중화산염과 같은 알카리성 물질이 있어서 흘러 들어온 산을 중화시켜 저항을 하지만, 알카리성 물질이 소진되면 갑자기 산성화가 진행된다. 호소나 하천의 물이 산성비의 영향으로 pH가 낮아지고 산성도가 증가하면, 수중의 플랑크톤, 부착조류, 수생동물 등의 종 조성이 바뀌거나 단순화되며, 어떤 종은 멸종하고 만다. pH가 7이하로 되어 산성화가 진행되면 호수 바닥의 퇴적토양에서 금속의 용출이 가속화된다. 특히 pH가 4.5로 되어 알루미늄이 용해하기 시작하면 이것이 어류의 생식기관에 작용하여 번식을 정지시킨다.

산성비에 의한 토양의 산성화는 토양생태계의 변화를 일으켜 박테리아 등에 의한 유기물의 분해와 대기 중 질소의 고정화속도를 저하시켜 토양의 생산능력을 감퇴시킨다. 또 토양의 산성화는 금속이온의 용출을 촉진한다. 특히 알루미늄과 망간이 용출되면 영향은 심각하며, 식물의 뿌리로부터 영양물을 흡수하는 것을 방해한다. 그러나 토양의 지층이 석탄층일 경우에는 산도의 중화로 말미암아 좀처럼 산성화가 발생하지 않을 수도 있다. 반면 석탄질을 거의 포함하고 있지 않은 암석으로 이루어진 토양은 산성을 거의 중화시키지 못해 산성화가 즉시 발생한다.

1979년 스웨덴의 토양학자 오든이 산성비의 구조를 해명하였으며, 스웨덴의 호수에서 고기가 사라지는 원인을 산성비라고 지적하였다. 1970년 미국의 동북부, 캐나다의 남동 쪽 지방 호수에서는 물고기가 사라졌으며 1998년 스웨덴의 8만 5천개의 호수 중 2만개가 pH 5.5이하의 산성 호수이고, 그 중 4500개에는 물고기가 전혀 살지 않게 되었다. 또한 스웨덴의 경우 85,000개의 호수 중 8,000개가 산성화되었으며, 캐나다에서는 산성비로 인해 어류가 절멸한 호수 또는 절멸에 직면한 호수가 각각 4%와 15%나 된다. 미국 동북부의 뉴잉글랜드 지역과 뉴욕 주 등 9개주 27개 지역의 17,059개의 호수 중 9,432개의 호수가 산성화되었다(한국대기환경학회, 2011). 1998년 조사에 의하면, 유럽전역을 통해 총 삼림면적의 35%가 피해를 입은 것으로 밝혀졌다.

5.1.6 건축물과 인체에 미치는 영향

산성비는 금속을 쉽게 부식시키고 페인트나 석재(특히 석회암과 대리암)을 약화시켜서, 건물뿐 아니라 자동차의 페인트에도 큰 피해를 준다. 산성비는 콘크리트를 녹여서 콘크리트 고드름을 만들기도 한다. 특히, 역사적인 유적이나 유물 등이 부식으로 인하여 심각한 피해를 입는 경우도 많다.

많은 과학자들은 산성비가 인체에 미치는 영향에 대하여 조사해 왔지만 직접 건강에 피해를 주었다는 보고는 아직 없다. 그러나 간접적인 결과 즉, 습성이나 건성의 산성 축척 물질 때문에 인간이 피해를 입고 있는 것만은 확실하다.

황산염 같은 오염 물질이 건조한 공기 상태로 이동하면 만성 기관지염, 천식 같은 호흡기 질환을 일으킨다. 미국의회기술평가국(OTA)은 1984년도에 발표한 "산성비와 장거리이동 대기오염"의 보고서에서, 미국과 캐나다에서 산성비 오염에 의하여 심장과 폐의 기능이 저하되어 매년 사망자수의 2%에 해당하는 약 5만명이 조기에 사망하고 있다고 발표하였다.

5.1.7 해결 방안

산성비 문제의 실질적인 해결 방법은 산성비를 유발하는 오염물질을 제거하는 것이다. 석탄 같은 화석연료, 특히 황이 많이 들어 있는 석탄의 사용을 줄여야 한다. 화석연료의 사용을 줄이고, 원자력, 수력, 풍력, 지열에너지, 태양에너지 등의 대체 연료를 사용하는 것도 하나의 방법이다.

산림보호를 위해 자동차의 매연가스의 양을 줄이고, 대중교통을 많이 이용해야 한다. 또한 오염물질들이 대기로 배출되기 전에 세정기나 자동차 촉매변환장치와 같은 대기오염 방지시설을 거치게 하여 배출량을 줄여야 한다. 이외에 토양에 석회석을 살포하여 토양의 산성화를 지연시키며, 산림을 구성하는 나무의 종류를 산성비에 강한 품종으로 바꾸어 심는 일 등을 들 수 있다.

5.2 오존층 파괴

5.2.1 오존층의 역할

오존은 산소원자 3개로 이루어져 있으며, 오존이라는 명칭은 '냄새를 맡다'를 뜻하는 그리스어에서 유래했다. 특유의 냄새 때문에 오존은 극소량만 존재해도 느낄 수 있다. 오존은 대기권의 두 영역(대류권과 성층권)에 분포되어 있다. 전체 오존의 약 10%는 지상에서 가장 가까운 대기층인 대류권(지표면에서부터 높이 약 10~16km까지)에 존재한다. 나머지 약 90%는 대류권 상부와 고도 약 50km 사이에 해당하는 성층권에 존재한다. 성층권 내에서도 오존이 가장 밀집되어 있는 층을 오존층이라 한다.

오존은 수많은 화합물과 급속히 반응하고 농축 시에는 폭발성을 갖는다. 일반적으로 방전을 통해 공기와 물의 정화, 섬유 표백, 식품 생산 등 산업 공정에 필요한 오존을 생산한다.

오존층에 존재하는 오존은 태양의 자외선을 차단하는 천연필터의 역할을 함으로써, 지구 생명체를 보호하고 지구의 온도를 적절히 조절해 주는 역할을 수행하게 된다. 성층권 오존은 태양으로부터 방출되는 자외선B(UV-B) 복사를 흡수하기 때문에, 인류를 비롯한 지상의 생명체에 유익하다고 간주한다. 만약 UV-B 복사가 오존에 흡수되지 않는다면 지상 생명체에 유해한 양의 UV-B 복사가 지표면에 도달할 것이다. 인간이 UV-B 복사에 많이 노출되면 피부암, 백내장 등의 발병 위험이 증가하고, 면역력이 저하될 수 있다. 성인기 이전의 UV-B 복사 노출 및 UV-B 축적 노출량은 중요한 건강위험 요인이다. 또한 UV-B 복사의 과도한 노출은 육상식물, 단세포 생물, 수생태계에 악영향을 미칠 수 있다.

이러한 오존층이 파괴될 경우 발생하게 되는 피해는 대기 중 화학반응이 활발해져 도시 지역의 대기오염 현상이 악화된다는 것과, 자외선의 영향으로 생물체의 화학적 결합을 깨뜨려 유전자와 면역체계를 혼란시켜 각종 질환이 증가하게 되고, 산화력이 강한 오존이 다량으로 형성됨으로 인해 나무 등 건축 재료의 부식과 노화가 촉진된다는 점을 들 수 있다. 더불어 식물 성장 저해 현상이 나타난 콩 등 곡물류는 수확량과 품질이 저하되며, 수중생태계의 경우 식물 플랑크톤이 감소함으로 인해 먹이연쇄가 혼란을 겪게 되고 궁극적으로 생태계의 혼란이 야기된다.

5.2.2 오존층 파괴

프레온 가스라 불리는 염화불화탄소(CFCs)는 이산화탄소와 함께 지구의 기온을 상승시키는 온실효과를 유발하는 주요한 원인물질로 지목 받고 있으며, 성층권에 있는 오존층을 파괴하는 역할을 하고 있다. 이에 따라 한동안 독성이 없고 잘 변질되지 않아 현대 산업의 총아로 각광받으며 거의 모든 산업에서 애용되던 CFCs가 이제 국제적으로 심각히 제거하여야 하는 공해물질이 되었다.

CFCs는 원래 탄소(C), 불소(F), 염소(Cl)등 3가지 원소로 구성돼 있다. 그렇기에 이들 3가지 원소의 이름을 따 CFCs라고 했고 정식명칭은 염화불화탄소로 불리게 되었다. CFCs의 특징 중 하나는 화학구조상 다른 물질과 화합하거나 쉽게 분해되지 않는 안정성이지만 이 안정성 때문에 대표적인 공해물질이 된다.

즉 염화불화탄소는 1~2개의 탄소에 염소, 플루오르 또는 수소가 결합된 화합물로

탄소, 염소, 플루오르의 개수에 따라 종류가 다르며 명칭도 달라진다. 휘발성이 강하고 인체에 대한 독성이 적으며, 색이나 냄새가 없고, 불에 잘 타지도 않는다. 폭발성이 없어 스프레이 용품, 냉장고나 에어컨의 냉매제, 소화제, 각종 발포제, 반도체 등 전자제품의 세정제로 사용되어 왔다. 흔히 프레온가스라고도 부르나, 이는 상표의 이름이다. 1930년대 미국의 뒤퐁사에서 개발하여 상품명으로 이름을 붙인 것이 오늘날 프레온이란 이름으로 널리 통용되고 있다.

CFCs가 일단 공기 중에 방출되면, 약 10년 이상에 걸쳐 서서히 상승하면서 대기권에 머문다. 과학자들은 CFCs가 대기권에서 이산화탄소와 함께 온실효과 현상을 일으키는 것은 바로 이 기간 동안이라고 설명한다. 환경보호 학자들은 최근 수년간 국내외적으로 발생하고 있는 각종 이상 기온 현상이 온실효과 때문인 것으로 풀이하고 있다.

그러나 CFCs가 일으키는 보다 심각한 환경피해는 오존층을 파괴한다는 점이다. CFCs는 공기 중으로 방출된 후, 약 10년 이상의 시간이 경과한 다음에 성층권에 도달한다. 그 동안 안정된 상태를 유지해오던 CFCs도 이곳에서는 자외선의 화학작용으로 탄소(C), 불소(F), 염소(Cl)의 3가지 원소로 분해되게 되는데 이때 분리된 염소원자가 오존(O_3)과 결합, 오존을 산소분자(O_2)와 산소원자(O)로 분해시켜 버린다. 그것도 한 번에 그치지 않고, 성층권에서 약 80년 동안 머물며 이 과정을 되풀이하면서 약 10만개의 오존을 파괴한 후에야 염소의 화학작용은 끝을 맺게 된다. 이러한 반응은 대기 중에서 오존이 생성되는 속도보다 약 10만 배나 빠른 것이다.

$CCl_3F + hv \rightarrow CCl_2F + Cl$ (CFC가 Cl을 생성시킴)

$Cl + O_3 \rightarrow ClO + O_2$ (염소원자의 역할로 O_3를 파괴)

$ClO + O \rightarrow Cl + O_2$ (염소는 매우 안정하여 수많은 오존 파괴)

5.2.3 오존층 파괴에 대한 대책

오존층 보호를 위한 대표적 국제협약은 '오존층 보호를 위한 비엔나 협약(1985.3.22)'과 '오존층 파괴물질에 관한 몬트리올 의정서(1987.9.16.)'이 있다. 비엔나 협약에서는 오존층 파괴방지를 위한 과학 기술협력, 오존층 파괴로부터 인간의 건강과 환경을 보호하기 위한 각국의 의무 등을 권고하고 있다.

1987년 9월에는 오존층 파괴물질인 CFCs와 할로겐족 물질의 생산 및 소비삭감을 주요 내용으로 하는 몬트리올 의정서를 채택하였다. 몬트리올 의정서에서는 1986년 수준으로 CFCs 소비량을 단계적으로 감축하도록 규정하고 있다. 몬트리올 의정서의 제2차 개정안은 CFCs 생산 및 소비의 전면 중지시기를 현행 2000년에서 1996년으로 4년 단축하고, 규제물질을 추가하여 총 95종을 규제하는 것을 주요 골자로 하고 있다. 이에 따라 선진국을 중심으로 오존층을 파괴하는 물질의 사용을 규제하고 있으며 우리나라에서도 2010년부터는 프레온 가스의 사용을 전면적으로 금지하였다.

세계 각국은 보다 안정적이고 값이 싼 CFCs 대체 물질 개발에 많은 노력을 하고 있다. 대체물질의 개발과 국제협력을 통한 공동의 노력만이 오존층 파괴현상을 악화시키지 않는 최선의 방법이 될 것이다.

5.3 지구온난화

5.3.1 지구온난화 발생

대기 중에는 이산화탄소(CO_2), 메탄(CH_4), 수증기 등의 온실효과(Green House Effect) 가스가 포함되어 있고 이들은 지구의 기온을 일정수준으로 유지시켜 줌으로써 인간과 동식물에게 살기 좋은 환경을 제공한다. 그러나 산업혁명이후 화석연료 및 화학물질의 사용증가에 따라 이산화탄소, 이산화질소, 프레온가스(CFCs) 등의 온실기체(Green House Gas: GHG)가 대량으로 대기 중에 배출되어 지구온난화현상이 발생하고 있다. 온실기체는 이산화탄소, 메탄 등 여러 가지가 있지만 이산화탄소가 전체의 55%를 차지하고 있다.

기후변화의 직접적인 원인으로 인구의 증가와 화석연료의 사용량의 급속한 증가를 손꼽을 수 있다. 산업혁명 이후 인구의 급격한 증가로 석유, 가스, 석탄 등 화석연료의 수요량이 급격이 늘어나고, 이것은 더 많은 자원 채굴과 더 많은 이산화탄소 의 배출을 초래하였다.

UN에 따르면, 20세기 동안 인구는 16억 명에서 61억 명으로 증가했으며, 같은 기간 동안 이산화탄소는 12배 증가했다. 또한 미국은 세계 인구의 5%를 차지하며, 총 이산화탄소 배출의 1/4에 기여하고 있다. 그런데 미국을 비롯한 많은 선진국들은 인구 증가율이 점차 감소하고 있는데 비하여, 개발도상국, 특히 중국과 인도의 산업화가 급속해지면서 인구 증가와 별도로 이산화탄소 배출량은 늘어나고 있는 추세이다.

한편 현재의 지구온난화현상과 기상이변은 지구가 간빙기에서 소빙하기로 진입하는 과정에 있기 때문이라는 학설도 있다. 2만 년 이전에는 지금보다 더 추웠기 때문에 그때를 빙하기라 부른다. 현재 우리는 빙하기와 빙하기 사이인 간빙기에 살고 있다. 간빙기는 말 그대로 빙하기 사이 약 1만년 동안 따뜻한 기간이다. 지구의 역사를 살펴보면, 275만 년 전부터 빙하기와 간빙기 간의 주기적 변동이 나타났다. 이는 천문학적인 요인 즉, 지구와 태양 간의 거리 변화로 인한 햇빛 강도 변화와 지구 자전축 기울기 변화로 인한 햇빛 입사각 변화로 발생했다. 남극의 화석을 분석한 결과 최근 2000년 동안에 500년 주기의 소빙하기가 4번 있었다고 한다.

현재의 기후는 제 4기 빙하시대의 비교적 온난한 간빙기의 기후와 같다. 이 간빙기 중에서 가장 온난한 기후시대는 약 6천 년 전에 나타난 최적 기후시대이다. 이때의 중위도 지방의 기온은 현재보다 약 2~3℃ 높았다고 추정된다.

지금 사회적으로 관심을 모으고 있는 지구온난화는 따지고 보면 이 2~3℃의 온도 상승이 문제가 되고 있는 것이다. 이 정도의 온난화는 일찍이 인류가 경험한 적이 있는데, 왜 온난화가 세계의 정치문제로까지 발전했을까. 그것은 21세기에 일어날 것으로 예상되는 온난화가 자연적 요인보다 인위적 요인, 즉 선진국을 중심으로 한 온실효과 기체의 방출과 개발도상국을 중심으로 한 삼림파괴로 인하여 온난화가 급속도로 진행될 것이 예상되기 때문이다.

100년 동안 지구의 평균 기온은 계속 상승하여 왔다. 그렇다면 이 기온 상승이 기후 변화에 따른 자연 현상인지 아니면 화석 연료 사용 등으로 인한 인위적 현상인지는 명확하지 않다. 그러나 온실 효과가 대기 중에 있는 이산화탄소의 양과 관계가 있는 것은 분명하다.

5.3.2 온실효과

온실효과 (Green house effect)란 태양의 열이 지구로 들어온 후 온실가스에 흡수되어 바깥으로 나가지 못하고 대기권 내에서 순환하는 현상을 말한다. 지표에 의해 흡수된 빛 에너지가 적외선으로 바뀌어 다시 바깥으로 방출될 때, 일부 에너지는 수

증기, 이산화탄소, 메탄 등과 같은 온실효과 기체에 의해 흡수되고, 다시 지표로 되돌려져 지구를 덥게 만든다. 실제 대기에 의해 일어나는 온실 효과는 지구의 온도를 항상 일정하게 유지시켜 주는 매우 중요한 역할을 한다. 만약 대기에 의한 온실 효과가 없다면 지구는 화성처럼 낮에는 햇빛을 받아 수십도 이상 올라가지만, 밤에는 영하 100℃ 이하로 떨어지게 될 것이다.

태양으로부터 지구로 오는 일사에너지는 대부분 가시광선이며, 대기를 통하여 지표면에 달하여 그 곳을 가열한다. 가열된 지구표면으로부터 방사되는 에너지는 파장이 10㎛정도의 전자파인 원적외선이며, 그것은 대기 중의 수증기와 이산화탄소에 의해 대부분 흡수된다. 이 때문에 지구표면에서 적외선으로 방출된 에너지는 우주공간에 직접 유출되지 않는다. 적외선을 흡수하는 수증기와 이산화탄소는 그와 동시에 그 온도에 상응한 강도의 열방사를 행한다. 말하자면 대기는 일사에너지를 용이하게 통과시키나 지구표면으로부터의 열방사의 유출을 막는다. 이로 인하여 일사에 의해 지구표면에 방사된 에너지는 지구표면 근처에 모이고, 대기 상층보다 온도가 높아진다 (<그림 5-1> 참고).

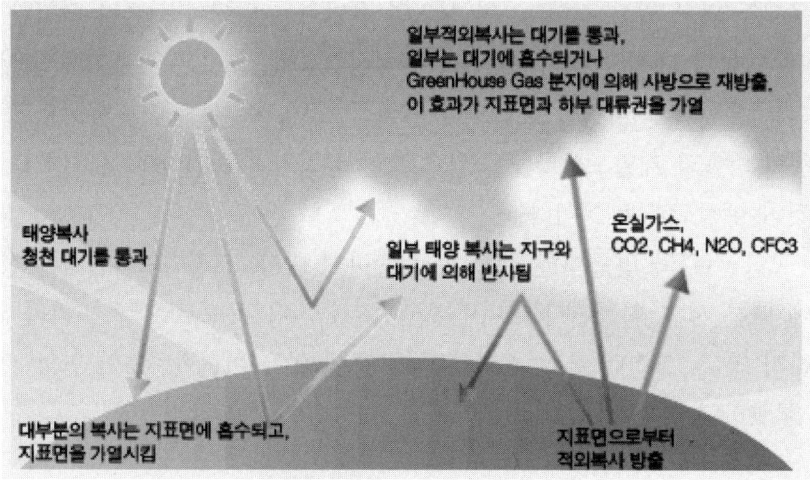

그림 5-1 온실효과 개념도

출처 : 기상청 기후변화정보센터(2005)

5.3.3 온실가스

온실가스(green house gas)란 지구표면에 도달한 태양열이 다시 우주로 빠져나가는 것을 방해함으로써 온실효과를 유발하는 물질을 의미한다. 이산화탄소(CO_2), 메탄(CH_4), 아산화질소(N_2O), 수소불화탄소(HFCs) 및 불화유황(SF_6) 등이 대표적인 온실가스 물질로 알려져 있다. 온실가스는 화석연료의 사용, 산업공정, 소각과정은 물론, 초식동물의 소화과정에서 발생하기도 한다. 온실가스가 지구온난화에 미치는 영향은 IPCC가 제시한 지구온난화 지수(GWP)를 통해 알 수 있다. 이산화탄소가 미치는 영향을 1로 보았을 때, 각각의 온실가스가 지구에 미치는 영향은 메탄이 23, 아산화질소는 396, 프레온가스가 1,300~22,200 정도이다(<표 5-1> 참고).

표 5-1 6대 온실가스의 특성 비교

6대 온실가스	이산화탄소 (CO_2)	메탄 (CH_4)	아산화질소 (N_2O)	수소불화탄소 (HFCs)	과불화탄소 (PFCs)	육불화황 (SF_6)
지구온난화 지수(GWP)	1	21	310	1,300~23,900		
온실효과 기여도(%)	55	15	6	24		
증가율/년(%)	0.5	0.9	0.25	40		
대기체류시간 (년)	50~200	20	120	65~130		
국내 총 배출량(%)	88.6	4.8	2.8	3.8		
주요 배출원	석탄 및 석유 연소	음식물 쓰레기 부패 등 유기물 분해	석탄, 질소비료 폐기물 소각	냉매	세정제	절연체

출처 : 환경부

(1) 이산화탄소(CO_2)

이산화탄소는 주로 화석 연료와 산림 등의 연소로 대기 중에 방출되며, 일단 방출되면 100년 이상 대기 중에 머무른다. 열을 흡수하는 기체로는 수증기 다음으로 대기 중에 다량으로 존재한다. 인위적 온실 효과에 대한 기여도는 약 50-60%를 차지한다. 이산화탄소의 주요 공급원은 화석연료의 연소(75%) 및 토지개관과 산림훼손(25%) 등이다.

온실기체 농도는 산업화가 시작된 1750년 이후부터 가파르게 상승하고 있다. 이산화탄소는 산업화 이전의 280ppm에서 2005년도에 380ppm으로 증가하였다. 지난 65만 년 동안의 자연적 변동 범위가 280~300ppm이었던 점을 고려할 때, 인간 활동으로 인한 인위적 배출이 상당히 급격했음을 유추할 수 있다.

<그림 5-2>와 같이, 1958년 315ppm 이었던 대기 중의 이산화탄소의 양은 1992년 360ppm에 이르러, 지난 35년 간 45ppm 이상 상승하였다. 이산화탄소 농도가 처음으로 400ppm을 넘긴 것은 2015년 3월로, 이후에도 이 임계치를 꾸준히 유지하고 있다. 미국 국립 해양 대기청(NOAA) 자료에 따르면 대기 중 이산화탄소 농도는 2015년과 2016년, 2년 연속으로 3ppm씩 증가해 현재 약 405ppm 수준으로 급증했다. 지난 10년간 평균 이산화탄소 증가율은 연간 2.3ppm 이었다.

남극 빙하 속에서 100년 전에 갇힌 공기를 분석하여 알아낸 이산화탄소의 양은 280 ppm으로, 지난 1세기 동안 대기 중의 이산화탄소 양이 약 25%의 증가했음을 밝혀냈다. 행성 천문학자들은 금성의 500℃나 되는 표면 온도는 이산화탄소로 이루어진 두꺼운 대기가 태양열을 흡수하여 저장하기 때문이라고 말한다. 지구의 대기층은 매우 얇으며 이산화탄소의 양이 0.03% 밖에 안 되지만, 일부 학자들은 지구의 기온이 매년 상승하는 원인을 금성 대기의 온실 효과에 근거하여 지구 대기 중 이산화탄소의 증가로 설명하고 있다.

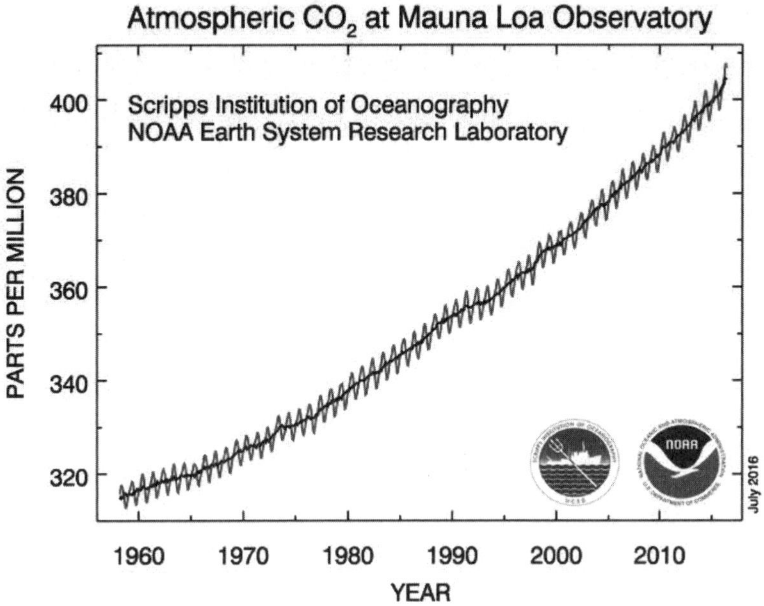

그림 5-2 대기 중 CO_2 농도의 변화(하와이, 대기권 감시소)

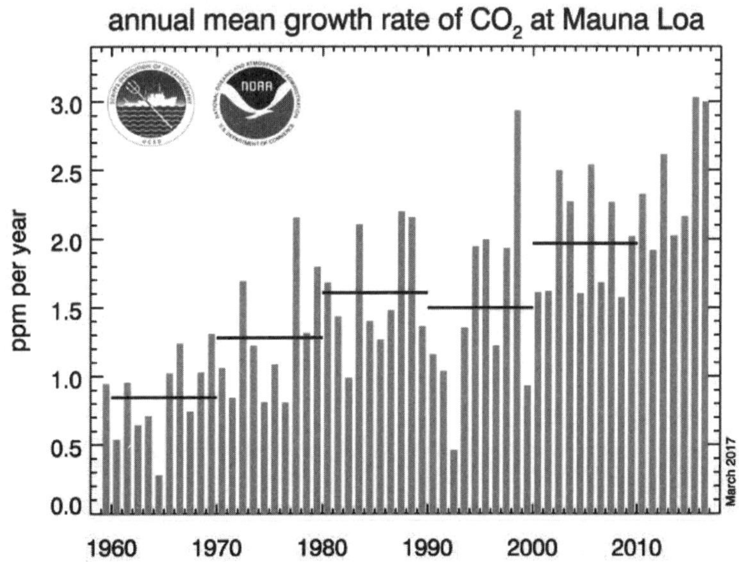

그림 5-3 대기 중 CO_2 증가속도의 변화(하와이, 대기권 감시소)

(2) 메탄(CH_4)

메탄은 홍수가 난 전답이나 가축들의 배설물 및 범람원 등 주로 산소가 없는 환경에서 박테리아가 유기물을 분해할 때 생성된다. 일단 배출된 메탄은 대기 중에 십 년 정도 분해되지 않고 머무르며, 열을 흡수하는 능력은 이산화탄소의 약 20~30배에 이른다. 따라서 인위적 온실 효과의 기여도는 15~20% 정도이다. 메탄의 경우도 지난 65만 년 동안의 자연적 변동 폭이 320~790ppb였던 데 비하여, 산업화이전의 약 715ppb에서 2005년에는 1,774ppb로 증가했다.

(3) 프레온 가스(CFCs)

프레온 가스는 1930년대 이후 사용량이 급격히 늘었는데, 주로 냉장고, 에어컨 등의 냉매재, 절연체 및 반도체의 세척제, 그리고 각종 스프레이 제품에 사용된다. 일단 대기 중에 방출된 프레온 가스는 400년 이상 분해되지 않고 머무르며, 열을 흡수하는 능력은 매우 효과적이어서 이산화탄소의 1만6천 배에 이른다. 실제 대기 중의 양은 0.001ppm 이하로 적지만, IPCC가 제시한 지구온난화 지수(GWP)를 통해 알 수 있는 인위적 온실 효과에 대한 기여도는 20% 정도이다. 즉, 이산화탄소를 1로 보았을 때, 인위적 온실효과에 대한 프레온가스의 기여도는 1,300~22,000 정도다.

(3) 이산화질소(N_2O)

일명 '웃음 가스'(laughing gas)로 알려진 이산화질소는 토양이나 화학 비료, 그리고 화석 연료의 연소 등에서 배출되며, 대기 중에는 약 180년 동안 머무른다. 이산화탄소에 비해 150배 정도 열을 잘 흡수하여 인위적 온실 효과의 기여도는 5%정도이다. IPCC가 제시하는 이산화질소의 지구온난화 지수(GWP)는 400이다.

5.3.4 지구온난화의 영향

(1) 기온상승

988년 미국의 한센이 1860년 이후 세계 기온 관측 자료를 분석한 결과, 이 기간 동안 지구의 기온은 0.5~0.7℃ 상승했고, 지난 10년 동안의 상승세가 가장 크다는 것이 발견되었다. 19세기 말 이후 지구의 평균기온은 0.3~0.6℃ 상승하였으며, 해수면도 10~25cm 상승한 것으로 나타났다.

한편 1910년부터 1990년 사이, 우리나라의 평균기온은 약 1℃가 상승한 것으로 나타났다. 1900년 이후, 우리나라 6개 도시(서울, 부산, 인천, 강릉, 대구, 목포)의 평균기온은 1.5℃ 상승하였으며 지구평균 기온상승률(0.74℃)의 2배가 넘는다. 최근 10년(1996년~2005년)동안의 15개 도시(강릉, 서울, 인천, 대구, 부산, 목포, 울릉, 추풍령, 포항, 전주, 울산, 광주, 여수, 제주, 서귀포)의 평균기온은 14.1℃이며, 평년(1971년~2000년)보다 0.6℃ 상승한 것으로 분석됐다.

대기 중의 이산화탄소 농도가 두 배가 되는 2030년 경 지구의 평균온도는 현재보다 약 3℃ 상승할 것으로 예상되고 있다. 특히 저위도 지역에서 3℃, 중위도 지역에서 4℃, 고위도 지역에서는 10℃ 전후씩 높아질 것으로 예상된다. 만약 2040년에 약 3℃의 기온이 상승한다면 연간 10km의 속도로 기후대가 극 방향으로 이동한다. 그 결과 강우와 강설 양상이 바뀌고 현재와 다른 계절 변화를 가져와 극 지역의 빙하를 녹이고, 적도 지방에는 사막이 확장될 것이다. 우리나라는 건조 지역에 속하지만 여름의 몬순이 강화될 것이다.

(2) 강우량의 변화

온난화는 지구적인 강수패턴을 변화시키고 있다. 그 결과 직접적으로 강수량, 우수의 유출, 토양수분, 적설, 융설, 증발산 등의 변화가 나타나며, 간접적으로는 해수면이나 호수면 등에 변화를 일으킨다. 최근의 모델 계산에 의하면 집중호우 형의, 빗방울이 큰 소나기성 비가 많아질 것으로 예상된다. 집중호우 형 비의 증가는 빗물의 이용효율을 저하시키고, 증발의 증가와 더불어 토양의 건조를 촉진한다고 하며, 미국의 대평원지역이나 소련의 농업지대에서는 가뭄의 발생이 많아질 것으로 예상되고 있다. 기후변화로 강수량증가에 의한 홍수피해도 증가하며 한편으로는 한발 증가도 예상된다. 한센의 예측에 의하면 한발의 확률은 현재의 5%로부터 1990년에는 10%로, 2020년에는 25%로 증가한다고 한다.

이러한 변화는 식물의 구성종이나 식물군락의 구조에 영향을 미치며, 경우에 따라서는 종의 절멸까지 이르는 심각한 영향을 육상생태계에 미친다. 또한 온난화의 결과로 증발산이 증가하기 때문에, 북아프리카와 중근동의 대초원 사막화가 급속도로 진전될 것으로 예상된다.

우리나라 연평균 강수량은 장기적으로 증가 추세를 나타내고 있다. 최근 10년 사이(1996년~2005년) 평균 연강수량은 1485.7㎜로 평년에 비해 약 10% 증가하였으며,

최근 10년 간 호우 일수(일강수량 80㎜이상)는 28일로 종전 20일보다 증가한 것으로 나타났다. 전반적으로 강수일수는 감소하고, 강수량은 증가함에 따라 강우강도(호우일수)가 증가하는 추세를 보였다.

(3) 해수면의 상승

온난화는 인간 거주에 대해서도 영향을 미치는데, 직접적으로는 해수면 상승의 영향이 가장 심하다. 해수면 상승에 의해서는 아시아 연안의 도시, 나일 강, 갠지즈 강, 양자강, 황화 강, 메콩 강, 피나마 등의 하구 삼각지대 등이 심각한 피해를 입을 것으로 보고 있다.

전 세계의 대도시들은 대부분이 해안가에 발달했고, 따라서 인류의 약 1/3이 해안지역에 거주하고 있다. 현재의 추세로 온난화가 진행된다면, 2100년에는 해수면 상승이 지구의 모든 지역에 걸쳐 50cm 에서 2m에 이를 것으로 추산된다. 해수면이 1m 상승한다고 가정하면, 침수면적은 전 세계육지의 3%에 달하며, 이는 경작지 면적의 1/3에 해당한다. 결과적으로 10억 인구의 생활터전을 상실하게 된다.

현재에도 세계적으로 4,600만 명이 홍수의 위험 속에 살고 있다. 해수면이 1m 상승할 경우 네덜란드는 국토의 6%, 방글라데시는 17.5%가 수몰될 것이다. 연안지역에서 피해를 받기 쉬운 인구는 현재의 약 4,600만 명에서 9,200만 명으로 증가할 것으로 추정된다.

미국 환경보호청은 1m의 수위상승으로 인해 이집트에서는 인구의 16%, 국내총생산의 15%가, 그리고 갠지스 강 하구의 방글라데시에서는 인구의 9%, 국내총생산의 8%가 수몰될 것으로 예상하고 있다. 그밖에도 네덜란드와 같은 북해연안의 저지, 동남아 일대, 중국연안 저지, 브라질의 아마존 저지 등 상당한 토지가 침수될 가능성이 있다고 한다. 또 염수가 하천이나 지하수로 역류하여 담수자원의 열화를 초래하게 될 것이라는 우려도 있다. 이처럼 지구온난화에 의한 수위상승은 비옥한 경지 특히 동남아 일대의 수전지대에 큰 영향을 주고, 수천만 명에 달하는 환경난민을 발생시킬 가능성이 있다.

기온이 상승하면, 북극이나 남극에 있는 빙하가 녹게 된다. 만약 3℃ 정도의 기온이 상승할 경우, 북극에 있는 빙하는 대부분이 물에 뜬 빙산이므로 녹더라도 해수면에는 영향이 없지만, 남극의 경우 대륙 빙하이기 대문에 녹으면 약 7m 정도의 해수면이 상승할 것으로 예측된다. 그럴 경우 각 대륙의 해안가를 따라 실제 물속에 잠기는 면적은 약 3%에 불과하지만, 전 세계 대도시들의 대부분이 해안가에 발달하고, 따라서 인류의 약 1/3이 해안 지역에 거주하는 것을 감안하면 그 재앙은 엄청날 것으로 예상되어 문제의 심각성을 더하여 주고 있다.

(4) 식물계의 변화

온실효과가스와 기후변화가 육상생태계에 미치는 영향의 또 하나는 식물상·동물상의 분포를 변화시키는 것이다. 지구의 온도가 앞으로 35년에 약 1℃ 상승하면 현재의 식생은 80Km(2.2km/년)나 북방으로 이동하게 된다. 식생의 이동은 식생을 구성하는 식물군락, 식물상에 의존하는 동물의 종에도 큰 영향을 미친다. 그러나, 동물이 변화에 대응하여 신속하게 이동할 수 있는 것과는 다르게 식물군락의 이동은 용이하지 않으며, 생식장소를 상실하는 심각한 문제가 생길 가능성이 있다. 이렇듯 식생을 구성하는 많은 종이 기후변화에 따라가지 못하고, 이 때문에 식생과 그것을 기초로 하는 생태계의 붕괴를 초래할 것이라고 예측되고 있다.

생물생태계에 대한 영향은 남북양극에 가까운 고위도 지역에서 가장 크다. 일례로 북반구의 고위도 지역에서의 황원, 동토 산림은 약 20%가 감소될 것이라고 예측된다. 특히 삼림의 경우 현재 존재하는 5700만㎢ 중 약 35%가 온난화에 의해 지금의 삼림을 유지할 수 없게 될 것으로 추측하고 있다. 또한 지중해 해역의 반건조 지대로부터 건조지대에서 온실효과로 인한 기후변화가 식물의 생산력을 저하시킬 가능성이 높다.

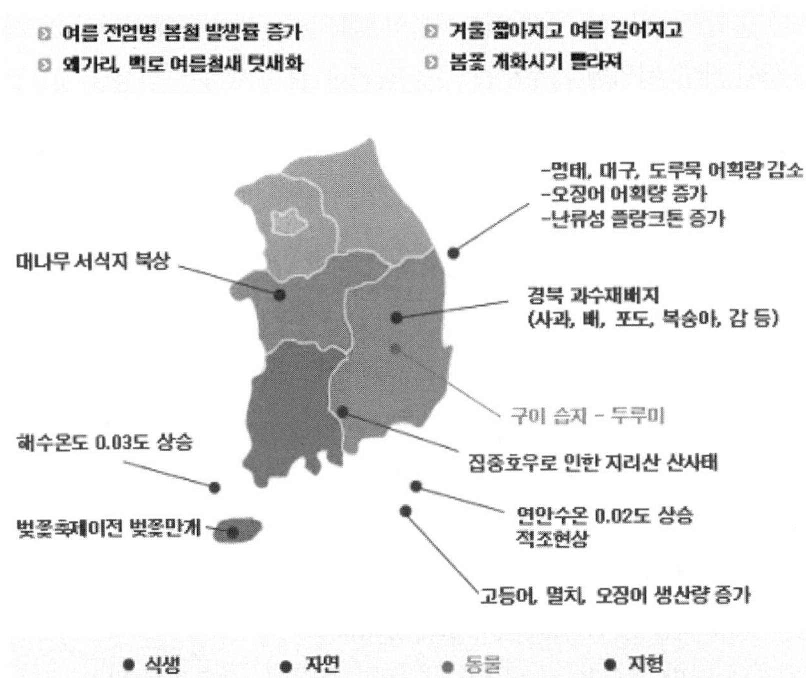

그림 5-4 국내에서의 기후이변에 따른 여러 가지 현상들

출처 : http://www.konetic.or.kr

(5) 보건에 미치는 효과

온난화의 영향은 사람의 건강에도 영향을 미친다. 온난화로 인한 기후변화는 전염병, 병충해가 발생하는 범위를 확대하며 피해를 증가시킨다. 개발도상국에서는 한발 등 농업생산에 대한 영향이 영양불량을 초래하며, 홍수의 증가 등으로 도시의 위생상황을 악화시킨다. 또 온난화에 의해 발생하는 농작물피해와 병충해를 막기 위한 화학비료, 농약, 살충제, 제초제 등의 사용도 사람의 건강에 대하여 무시할 수 없는 영향을 미친다.

대기온도가 상승하면 심폐기관의 질병 유발을 높이며, 중장기적으로는 변화된 생태계의 영향으로 천연자원에의 접근이 어려워져 기아, 천식, 알레르기 등 질병 감염률이 높아질 수 있다. 또한 기온상승은 곤충의 서식지 및 서식기간을 증가시켜 말라리아, 황열병 등 곤충을 매개체로 한 전염병이 늘어날 것이며, 콜레라와 같은 질병도 번창할 것으로 예상된다. 일부 국가는 식량부족으로 국민의 영양상태가 악화될 것이며 깨끗한 물의 부족 또한 치명적 요인으로 작용할 것이다.

아직 뚜렷하지는 않으나 1993년 미국 남서부 인디안 보호구역에서 유행한 한타 바이러스에 의한 폐 증후군이나 1994년 인도에서 갑자기 유행하여 세계를 긴장시킨 페스트도 기후변화가 그 원인으로 여겨지고 있다. 결국 지구온난화로 인한 피해는 선진국보다, 그에 대한 적응이 취약한 개발도상국에 심각한 영향을 미치게 될 것으로 예견된다.

5.3.5 이산화탄소 제거

이산화탄소를 제거하는 방법은 여러 가지로 분류되어 모색되고 있다. 화력발전소와 같은 이산화탄소 대량 발생원의 경우, 배출가스에 포함되어 있는 이산화탄소를 분리 회수하여 심해나 폐유전에 폐기하여 제거하는 방법이 제안되고 있다. 또 하나의 제거 방법은 이산화탄소를 분리 회수하여 메탄올을 합성하는 방법인데, 이 방법은 이산화탄소의 억제 및 제거를 겸한 대책법으로서 주목되고 있는 방법이다.

다음으로, 대기 중의 희박한 이산화탄소를 제거하는 수단으로서 해양을 이용하는 방법이 제안되고 있다. 해양은 이산화탄소의 제거, 고정의 잠재적 능력이 있다. 대기 중에는 탄소환산으로 약 7,000억 톤의 이산화탄소가 존재하고 있으나, 해양에는 그 약 50배되는 양의 이산화탄소가 화학적으로 용해되어 있다. 지구표면의 71%를 점하는 해양은 증대하고 있는 대기 중의 이산화탄소를 충분히 흡수할 능력이 있다. 해양에는 플랑크톤, 해조, 산호 등 여러 가지 생물이 있는데, 이러한 생물의 생화학적 작용을 이용하여 이산화탄소를 제거할 수 있는 것이다. 해양에서의 생물체의 광합성생산량은 탄소환산으로 연간 290억 톤 정도로 추산되고 있다. 해양에서 식물 플랑크톤에 의해 고정된 이산화탄소는 해양 깊이 운반되어, 평균수심 3,800m의 해양 중 전체에 막대한 양이 흡수, 고정된다.

이산화탄소 외의 기타 온실가스의 제거방법도 모색되고 있다. 프레온가스는 한번 대기 중에 확산되면 분리 회수가 매우 곤란하다. 따라서 프레온 가스의 제거보다는 사용을 최소화하는 것이 중요하다.

기타 메탄, 이산화질소 등 온난화가스도 여러 가지 발생원이 있으나 거의가 인위적 활동에 의해 발생한다. 이렇듯 이러한 가스는 발생원이 다양하고, 대기 중의 농도는 매우 희박하므로 분리 제거는 대단히 곤란하다. 따라서 이러한 가스대책은 발생자체를 억제하는 것이 중요하다.

5.3.6 교토의정서, CDM, 탄소배출권 거래

교토의정서란 온실가스 규제를 위한 국제협약인 기후변화협약의 구체적 이행방안으로 1997년 12월 교토에서 열린 제3차 당사국 총회에서 채택됐다. 교토의정서(Kyoto Protocol)의 주된 내용은 38개 의무이행 대상국이 2008~2012년 사이에 온실가스 총 배출량을 90년 수준으로 평균 5.2% 감축해야 한다는 것이다. 감축 대상 가스는 이산화탄소, 메탄, 아산화질소, 불화탄소, 수소화불화탄소, 불화유황 등 6가지다. 교토의정서를 이행하기 위한 방법으로 CDM(Clean Development Mechanism)사업, 배출권 거래 등이 있다.

청정개발체제를 의미하는 CDM(Clean Development Mechanism) 사업은 지구 온난화 문제를 완화하기 위해 선진국과 개도국이 함께 실행하는 온실가스 감축 사업이다. CDM사업을 통해 선진국은 온실가스 감축 목표가 없는 개도국에 자본과 기술을 투자하여 온실가스 감축사업을 실시하며, 사업 결과로 얻게 된 온실가스 감축량을 선진국의 감축 목표에 포함시킴으로써, 선진국은 온실가스 감축 의무를 달성하고 개도국은 선진국의 지원을 활용하여 지속 가능한 발전을 기대할 수 있게 된다.

CDM 사업의 대상이 되는 것은 교토의정서에 따라 이산화탄소, 메탄, 아산화질소, 수소불화탄소, 과불화탄소, 육불화황 등 총 6가지 종류의 온실가스를 배출하는 산업들이다. 구체적으로 에너지산업, 에너지 공급, 에너지 수요, 제조업, 화학 산업, 건설, 수송, 광업·광물, 금속공업, 연료로부터의 탈루성 배출, 할로겐화 탄소와 육불화황 생산 및 소비, 용제 사용, 폐기물 취급 및 처리, 조림 및 재조림, 농업 등 15개 분야로 세분화 된다.

탄소배출권이란 지구온난화의 주범인 이산화탄소(CO_2), 메탄(CH_4), 아산화질소(N_2O), 수소불화탄소(HFCs), 과불화탄소(PFCs), 육불화황(SF6) 등 온실가스를 배출할 수 있는 권리를 말한다. 온실가스 중에서 이산화탄소가 비중이 가장 높아서 대표적으로 이산화탄소 배출을 규제하기 위한 것이 주된 목표이다.

교토의정서 가입국들은 2012년까지 이산화탄소 배출량을 1990년 대비 평균 5% 정도 감축해야 하는데, 이를 이행하지 못하는 국가나 기업은 탄소배출권을 외부에서 구입해야 한다.

탄소배출권 거래제도란 국가별로 배정받은 배출권을 기업별·부문별로 할당하고 ,기업이 할당된 배출량을 초과해야 할 경우 다른 기업으로부터 배출권을 매입할 수 있도록 하는 제도이며, 우리나라는 2012년 5월 '온실가스 배출권의 할당 및 거래에 관한 법률'이 통과되어 2015년부터 배출권거래가 시행되고 있다.

제6장 물의 특성과 수질오염 지표

인간의 모든 문명생활은 물을 떠나서는 생각하기 어렵다. 물은 지구상에서 가장 풍부한 부존자원 중의 하나이며, 모든 생물체의 생명을 유지하는데 필수적인 물질이다. 지구상의 물은 해양, 하천, 호수를 이루면서 토양, 대기, 생물체 등에 다양하게 분포되어 있고, 자연계에 고체, 액체, 기체 상태로 존재하며, 생태계에서 중요한 역할을 담당하고 있다. 하지만 인간에게 가장 필요한 물도 오염이 되면 인간에게 큰 피해를 준다. 오염된 하천, 호수 또는 해양은 인간에게 많은 피해를 끼치고, 인간의 생활을 위협하여 큰 문제로 대두되고 있다.

6.1 물의 물리적 특성

6.1.1 밀도와 비열

<그림 6-1>과 같이 물은 4℃에서 가장 높은 밀도를 가진다. 물이 표면에서부터 어는 이유도 여기에 있다. 물의 온도가 4℃ 보다 더 낮아지면 밀도가 감소하며, 0℃의 얼음은 물 보다 가볍기 때문에 물위에 뜨게 되어 표면부터 얼어붙게 된다. 호수 바닥의 물의 온도는 약 4℃로 최대의 밀도를 가지기 때문에 제일 무거운 물이 되어 물의 순환이 일어나지 않는다. 한편 대기의 온도가 낮아질수록 표면의 얼음은 두꺼워져서 대기의 찬 기운이 물속에 들어오는 것을 막아주게 된다. 그 결과 호수 전체가 얼지 않게 되어 겨울철에도 물고기가 물속에서 생존할 수 있게 된다. 만약 얼음이 물보다 무거우면, 기온이 0℃ 이하로 내려갈 때 호수나 하천이 밑바닥에서부터 얼게 되어 결국 그 속에 살고 있던 물고기들은 모두 얼어 죽게 된다.

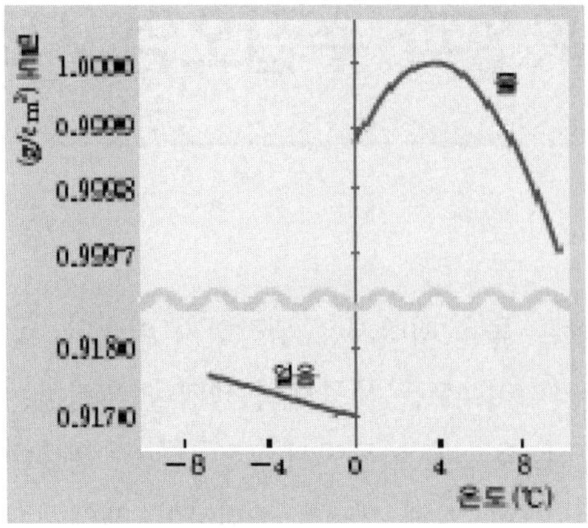

그림 6-1 **온도와 물의 밀도**

지구상의 물은 생물들이 살기에 적당한 온도를 유지시켜 주는 중요한 역할을 담당하고 있다. 물은 분자량이 가장 작으면서도 가장 높은 끓는점과 녹는점을 가지고 있는데, 이것은 분자간의 힘이 강하기 때문이다. 물은 열에 매우 안정하여 2700℃에서는 겨우 11% 만이 수소와 산소로 해리된다.

물질 1g의 온도를 높이는데 필요한 열량과 물 1g의 온도를 높이는데 필요한 열량과의 비를 비열이라고 한다. 물의 비열은 1cal/℃로서 물질 중에서 가장 크다. 이것은 물의 열용량이 크다는 의미이며, 물이 다른 어느 물질보다도 원자와 분자의 운동이 적으면서 더 많은 열에너지를 저장할 수 있다는 것을 의미한다.

물의 높은 비열과 밀접한 관련이 있는 것은 높은 용융열과 증발열이다. 즉 고체(얼음)가 액체(물)로 되는 단계와 액체상태의 물이 기화되는 단계에서 많은 열량을 흡수하며 이를 잠열(latent heat)이라고 부른다. 반대로 수증기가 물로 응결될 때나 물이 얼음으로 변할 때에는 많은 양의 잠열을 내놓게 된다.

6.1.2 표면장력

표면장력(surface tension)은 액체표면의 분자가 액체내부의 당기는 힘에 의해 액체표면에 움츠리는 힘이 생기는 것으로 온도상승에 따라 감소한다. 표면장력은 모세관현상(毛細管現象)을 일으키며 표면장력이 크면 액체에 의한 젖는 현상(wetting)이 저하된다. 그러므로 비누나 합성세제로 표면장력을 저하시키면 젖는 능력(wetting ability)가 높아져 세정효과(deterging effect)를 촉진한다.

표면장력은 모세관 오름 현상을 지배하며 물과의 물질교환에 있어 중요한 연결고리 역할을 한다. 표면장력 또는 분자 간 응집력은 물이 미세토양입자와 다공성 암석의 모세관로로 올라가는 높이를 결정한다. 또한 물 방울이 구형을 띠는 이유는 동일한 부피의 기하구조 중에서 구(球)의 형태가 가장 표면적이 작기 때문이다. 물은 높은 표면장력을 가진다.

6.2 물의 화학적 특성

물은 수소와 산소의 극성 공유결합 및 수소결합으로 되어 있고, 일부는 이온으로 전리되며 무색, 무취, 무미의 액체로서 모든 생물의 구성 성분을 이룬다. 또 가장 널리 사용되는 용매인 물 분자에는 두 개의 수소원자가 산소원자의 양쪽에서 105°의 내각을 이루고 있다.

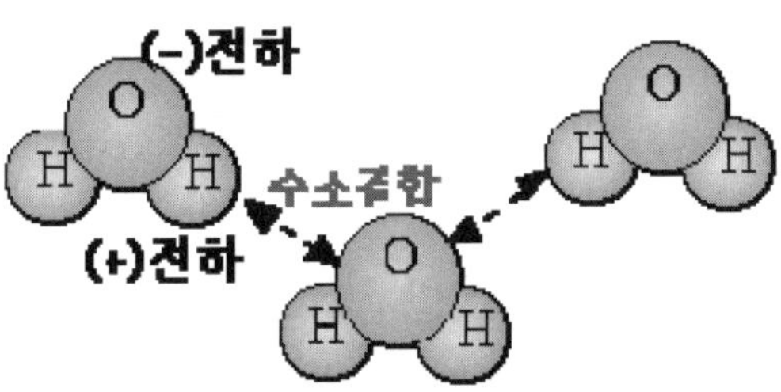

그림 6-2 물의 화학적 모형도

이와 같은 구부러진 결합으로 인하여 물 분자 간에는 강한 인력(수소결합)이 존재한다. 이 인력은 물의 성질을 결정하는 중요한 변수이다. 수소결합에 의하여 물은 양극과 음극의 양극성을 지니게 되고, 그 결과, 다양한 물질들을 물속에 녹일 수 있게 된다. 또한 수소결합에 의한 강한 인력의 결과, 물은 낮은 녹는점과 높은 끓는점이라는 특징을 지니게 된다. 즉, 물은 물 분자 간의 인력으로 인하여 다양한 온도 범위에 걸쳐서 액체로 존재한다.

물은 녹는점과 끓는점의 차이가 크므로 일반적인 온도에서는 액체 상태로 존재한다. 100℃의 끓는점과 0℃의 어는점은 물이 지구상의 대부분의 기후에 액체로 존재한다는 것을 의미한다. 액체인 물은 온도의 큰 변화 없이 다량의 열을 저장할 수 있기 때문에 지구상의 온도 변화를 둔화시키는 역할을 한다. 이처럼 고열의 저장능력이 있는 물은 갑작스런 온도 변화로부터 생물체를 보호하고, 지구의 기후를 온화하게 하며 그리고 자동차 엔진, 발전시설, 열을 생산하는 산업공정에 대하여 훌륭한 냉각제 역할을 한다.

물은 다양한 성분을 용존시킬 수 있다. 물의 용해력은 수중에 용존 된 영양원을 생물체의 세포 내로 보내거나, 세포 밖으로 노폐물을 빼내는 역할 및 다목적 세정제의 역할, 그리고 문명의 고도화로 발생되는 액성 폐기물을 제거하거나 희석시키는 역할을 한다.

생명체의 생존에 필수적인 물의 화학적 특징을 간단히 정리하면 다음과 같다.

① 물이 생명체를 지탱하는 기본요소의 역할을 할 수 있는 것은 물 분자의 구조 특이성 때문이다.
② 두개의 수소원자가 105°의 각을 이루고 있다.
③ 수소는 양(+)전기를 띠게 되고 산소는 음(-)전기를 띠게 되어 여기서 이중극이 형성된다.
④ 물 분자는 전기적인 인력에 의하여 강력한 OH 결합을 하고 있다.
⑤ 액체상태의 물은 약 36.7%가 빈공간이다.
⑥ 각종 무기이온들은 물에서 자유로이 이동한다.
⑦ 양이온이 물분자중 (-)전기를 띤 산소로 이동하고, 음이온을 띤 물질은 물분자중 (+)전기를 띤 수소로 이동한다.
⑧ 약 2000여종의 물질이 물에 녹으며, 이로 인해 물은 모든 생화학적 반응에서 중요한 역할을 담당한다. 반대로 수질오염이 일어나기 쉽고, 수처리에 많은 어려움이 따르게 된다.
⑨ Henry-Dalton의 법칙에 의하면 모든 액체는 일정한 온도 하에서 그 표면에 접촉하고 있는 기체를 각기 일정한 체적만큼 흡수한다.
⑩ 대기압, 실온에서 물은 부피 대비 약 2%의 공기를 용해시킨다.

6.3 물의 순환과 수자원

6.3.1 물의 순환

태양에너지에 의해 물은 여러 가지 형태로 변화하면서 움직이고 이러한 현상을 '물의 순환'이라고 한다. 물은 지구의 표면에서 대기로 증발되고, 기후변동에 따라서 순환하며, 비의 형태로 또 다시 땅 위로 되돌아오는 거대한 자동 열 교환 시스템에 의하여 계속 돌고 있다. 대양과 육상의 물은 태양에너지에 의해 증발(evaporation)과 승화(sublimation)의 두 과정을 통하여 대기 중으로 이동하게 된다. 대기 중의 수분이 바다나 육상으로 내리는 것은 응결(condensation)과 침강(deposition)과정에 의해 일어난다. 강우(precipitation)란 대기 중의 수분이 비나 우박 및 눈의 형태로 변하여 지표면으로 이동하는 현상을 말한다.

육상에서는 증발량보다 강우량이 더 많고 해수면에서는 강우량보다 증발량이 더 많으나 육상에서 얻은 물의 양과 바다에서 잃은 물의 양은 거의 같다. 육상에서 얻은 물이 바다로 흘러 들어가 바다에서 잃은 물의 양을 보충하기 때문에 육상에 물이 넘치거나 바다의 물이 고갈되지 않는 것이다. 따라서 지구상에 존재하는 물의 형태는 상황에 따라 달라지나 그 총량은 변하지 않는다.

물은 태양에너지에 의하여 증발되기 때문에, 공기 중이나 지표면에 오염물질이 없을 경우에는, 증발된 물이 비나 눈이 되어 지표면에 떨어져 하천을 따라 흘러가더라도 깨끗한 물이기 때문에 어린 아이를 포함한 누구나 그냥 마실 수 있다. 그러나 우리의 생활이나 산업 활동에 의해 공기 중이나 지표면에 오염물질이 버려지게 되면, 증발된 깨끗한 물도 공기 중이나 지표면을 이동하면서 오염되기 때문에 이러한 물을 처리하지 않고는 마실 수 없게 된다.

6.3.2 지구상의 물의 분포

우리가 살고 있는 지구가 다른 행성과 크게 다른 점은 지구가 풍부한 물을 가지고 있다는 것이다. 지구의 70%는 물이 차지하고 있고, 육지부분은 지구 전체의 30% 정도에 불과하다. 지구에 있는 물의 양은 13억5천7백만㎦ 정도로 추정되고 있으며, 이

중 바닷물이 97%인 13억2천만㎦이고 나머지 3%인 3천7백만㎦가 민물로 존재하므로 실제로 인간이 이용할 수 있는 양은 상당히 제한되어 있다고 할 수 있다. 전체 물의 양 중 3%에 불과한 민물 중에서도 60% 정도인 2천4백만㎦는 빙산이나 빙하 형태로 존재하고, 지하수가 25%인 1천만㎦ 정도를 차지하고 있으며, 민물의 2%인 1백만㎦가 민물호수나 강, 하천, 늪, 등의 지표수와 대기층에 존재한다고 한다.

지구상의 물의 분포는 바닷물(97%), 빙하(1.8%), 지하수(0.76%), 호수와 강(0.007%) 그리고 기타(0.002%)로 이루어져 있다. 따라서, 인류가 실제로 이용할 수 있는 물은, 지하수를 포함하더라도 물 전체량의 0.8% 정도에 불과하고, 실제 인간이 이용하기에 용이한 지표수는 물 전체량의 0.007%에 불과하다.

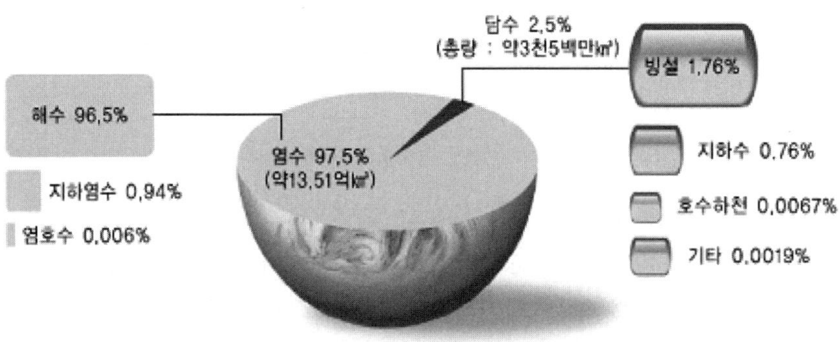

그림 6-3 지구상의 물의 분포

출처 : http://www.ilovewater.or.kr

오늘날 전 세계 인구의 약 40%에 해당하는 사람들이 만성적인 물 부족으로 고통을 받고 있는 것으로 알려지고 있는데, 물 부족의 주요 원인은 인구증가 및 생산 활동에 따른 물 사용량 급증과 물 자원의 지역적 편재 때문이다. 또한 자연정화 능력을 초과한 많은 양의 수질오염 물질이 강과 하천으로 계속 유입되면서 자연환경의 자정기능이 점진적으로 약화되고 수질오염이 가속화되어 양질의 수량이 줄어든 것도 물 부족의 주요한 원인이 되고 있다.

6.3.3 우리나라의 수자원 현황

우리나라의 연평균 수자원 부존량은, <그림 6-4>에 나타난 바와 같이, 연평균 총강수량 1,267억 톤 중에서 증발산과 지하침투에 의해 45%인 570억 톤이 손실되고, 유출량은 전체의 55%에 해당하는 697억 톤이다. 그러나 유출량 697억 톤의 2/3가 홍수기인 6~9월 사이에 집중적으로 유출되고 있어 실제로 이용 가능한 평상시 유출량은 286억 톤으로 총 수자원 부존량의 22%에 불과하다. 주요 유역별 연평균 유출량은 한강 194억 톤, 낙동강 139억 톤, 금강 62억 톤, 영산강 26억 톤, 섬진강 38억 톤으로 유역별 수자원 분포가 극히 불균등한 상태이다.

우리나라에 내리는 비의 양은 연평균 1,274mm로 세계평균 750mm보다 훨씬 많은 양이기는 하다. 그러나 우리나라는 인구밀도가 높기 때문에 국민 1인당 쓸 수 있는 물은 세계인 평균양의 1/11에 지나지 않으므로 우리나라는 수자원의 빈국에 해당된다. 우리나라의 물 소비량은 우리보다 국민소득이 배에 가까운 영국보다도 더 많다. 즉, 영국의 1인당 하루 물 소비량은 393ℓ인데 비해, 우리나라는 394ℓ로 1ℓ가 더 많은 실정이다.

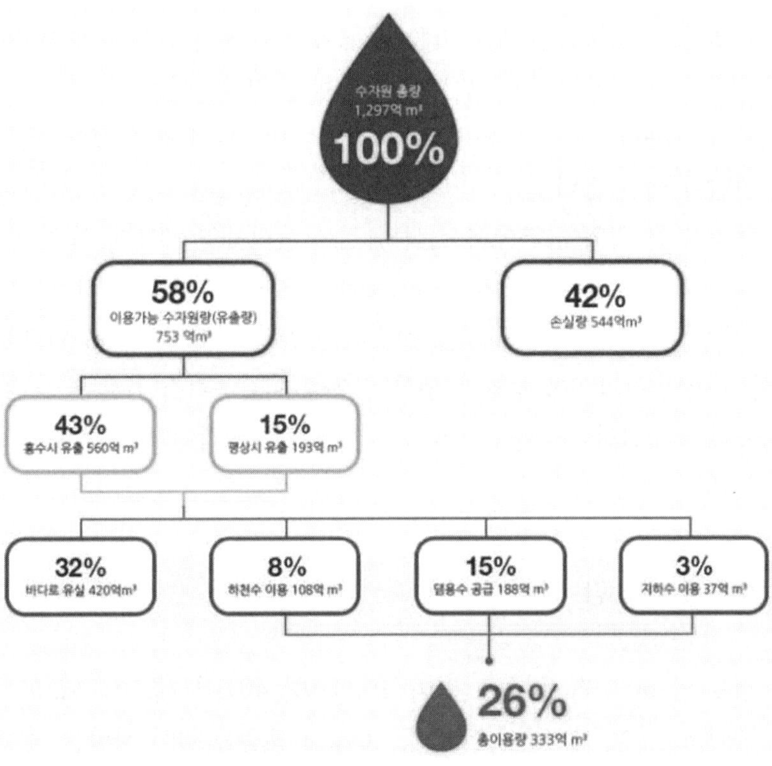

그림 6-4 우리나라 수자원의 이용현황

출처 : kwater.or.kr

6.4 물과 건강

6.4.1 물의 가치

생명이 있는 모든 것은 그 생명의 원천을 물에 두고 있다. 인간은 물론 동물과 식물, 미생물에 이르기까지, 모든 생명체는 물 없이 생겨날 수도, 살 수도 없다. 물의 생성이나 그 기원에 대해서 사람들은 오랜 옛날부터 관심을 가져왔다. 특히 오랜 옛날에도 사람들은 물이 생명의 근원이라 생각했다. 지구상 최초의 생명체가 바다, 즉 물속에서 나타났다는 설이 거의 정론(定論)으로 받아들여지고 있지만, 어떻게 기원하였는지에 대해서는 아직 연구가 계속되고 있다.

생태계에서도 산소를 싫어하는 혐기성 생물은 있어도 물을 싫어하는 혐수성 생물은 찾아볼 수가 없다. 물이 없으면 아무리 많은 영양분이 있어도 생명활동을 유지할 수 없다. 또한 물은 그 안에 들어온 어떤 물질이든지 녹이거나 녹이려 하는 성질(약 2000종의 물질은 녹일 수 있다고 함)이 있어, 높은 영양물질을 생명체에 공급하여 생명체를 키우고 생존시켜 준다. 물이 모든 생명의 어머니 또는 생명의 젖줄이라고 일컬어지는 까닭이 여기 있다.

인류의 문명이 큰 강의 유역에서 시작된 것은 농작물의 재배에 많은 양의 물이 필요하였기 때문이다. 오늘날에도 마찬가지로 어떤 지역의 물의 양과 질은 그 지역의 여러 가지 생산 활동 및 도시 규모를 결정하는 가장 주요한 제한요인으로 작용하고 있다. 이와 같이 인간의 일상생활과 생산 활동에 필요불가결한 물은 그 가치가 매우 큼에도 불구하고 무한히 공급받을 수 있는 자원으로 생각되어 가장 소홀히 다루어진 자원 중 하나다.

6.4.2 좋은 물과 건강

인체의 경우 약 60-70%가 물로 되어 있고 그중 40%가 세포에, 20%가 조직 내에 존재하며 5%정도가 혈액을 구성한다. 즉 60kg의 체중을 가진 사람은 40L의 물로 구성되어 있다고 볼 수 있다. 다양한 생명활동을 수행하기 위해서는 매일 약 2L의 신선한 물을 섭취해야 한다. 좋은 물이라고 하면 보통은 인체에 해로운 이물질이 섞이지 않은 자연 그대로의 깨끗한 물을 연상한다. 그러나 어떤 물이 가장 좋은 물인지에 대하여는 획일적으로 정의하기 어렵고, 물의 사용 용도에 따라 그 정의에는 다소 차이가 있을 수 있다. 즉, 물을 음용수, 공업용수, 농업용수 중에서 어느 것으로 쓸 것이냐에 따라 좋은 물의 정의는 달라 질 수 있다. 예를 들어 최고급 초청정수로 이루어진 공업용수라 하더라도, 이러한 물에는 인체에 필요한 미량원소(mineral)이 결핍되어 있기 때문에 있어 음용수로 공급하기는 부적합하다.

건강에 좋은 물의 조건으로는 첫째, 병원균과 오염물질 등 인체에 해로운 요소가 없을 것, 둘째, 연중 수온의 변함이 없고 냄새가 나지 않을 것, 셋째 인체에 필요한 철분 등의 미량원소가 적절하게 포함되어 있을 것 등을 들 수 있다. 물은 여러 가지 영양소를 소화, 흡수시키고 몸에서 생긴 필요 없는 찌꺼기 등을 몸 밖으로 내보내는 일도 한다. 또한 내장의 움직임을 매끄럽게 하기도 하고 몸 속 관절의 윤활유 구실도 한다. 몸 안에서 물질 대사의 결과로 생긴 열을 몸 밖으로 내보내거나 여름철에 땀을 흘려 체온을 조절하는 등, 적절한 체온을 유지하는 것도 물의 중요한 작용중의 하나이다.

물은 생체내에서 다음과 같이 순환, 운반, 배설, 체온조절 등 다양한 역할을 수행하고 있다.

① 인체의 여러 기관을 순환하면서 세포의 형태를 유지한다.
② 대사 작용을 높인다.
③ 혈액과 조직액의 순환을 원활하게 한다.
④ 영양소를 용해시킨다.
⑤ 영양소를 흡수운반해서 필요한 세포에 공급해 준다.
⑥ 혈액을 중성 또는 약알칼리성으로 유지시킨다.
⑦ 체내의 열을 발산시켜 체온을 조절한다.

우리 몸은 생명을 유지하기 위해, 자연환경 중의 물과 에너지를 섭취하고 배설하는 신진대사를 계속해야 한다. 이와 같은 다양한 생명활동을 수행하기 위해서는 매일 약 2L의 신선한 물을 섭취해야 한다. 매일 2L의 물을 섭취한다고 하면 사람은 평생 약 60톤의 물을 마시게 된다. 한편 몸속의 물이 1~2% 부족하면 심한 갈증을 느끼게 되고, 5% 정도가 부족하면 혼수상태에 빠지게 되며 12% 정도가 부족하면 생명까지도 잃을 수 있다.

물은 이산화탄소, 산소, 염분과 같은 생명에 필요한 물질을 용해하고 분배하는 일을 한다. 땀샘은 0.5ℓ의 수분 증발을 통해 피부를 식힌다. 또한 평소 호흡작용에서도, 폐에서 습기를 머금은 공기를 토해내어 0.5ℓ정도의 물을 발산한다. 사람의 몸속에서 물을 가장 활발히 처리하는 곳은 신장인데 혈액의 흐름에서 불필요한 것을 맑게 거르는 매체로서의 구실을 하고 있다. 몸속의 혈액은 1시간에 15회씩 2개의 신장을 통과한다. 그 중 약 1.4ℓ의 불필요한 물이 오줌으로 배설된다. 신장은 2개 중 하나만으로도 온 몸의 혈액 전부를 깨끗하게 씻을 수 있다.

먹는 물 이외에도 사람이 살아가는 데에는 세탁, 주방, 화장실 등에 물이 필요하며, 산업 활동에도 물이 필요하다. 현대의 도시문명과 같이 생활수준이 높을수록 다량의 물을 공급해 주여야 한다. 우리나라의 경우 하루에 한사람이 대개 400-500L의 물을 소비하고 있으며, 이는 선진국과 동일한 양이다.

6.5 수질오염 지표

수질오염현상의 정도를 판정하거나 오염수준을 객관적으로 평가하기 위해 사용되는 지표는 물리적.화학적.생물학적 관점에서 구분할 수 있다. 물리적 지표(탁도, 색도, 맛, 냄새, 고형물질, 온도 등)는 미각적이며 심리학적 지표로 사용된다. 화학적 지표(pH, BOD, COD, 특정유기물, 중금속, 무기물 등)는 각종 유기물 및 무기물 등에 의한 수질오염수준을 평가하는데 적용된다. 생물학적 지표는 수인성 전염병을 예방하고 관리하기 위하여 사용된다.

물에 함유된 영양 물질, 금속, 용존 산소, 생화학적 산소 요구량, 화학적 산소 요구량 등의 농도를 표시할 때 흔히 ppm과 ppb를 사용한다. ppm과 ppb는 각각 parts per million, parts per billion의 구성 단어 첫 자를 따서 만든 부호이다. 1 ppm은 무게를 기준으로 물 1,000,000g 에 물질 1 g 이 있는 경우를 의미하며, 1 ppb는 역시 무게 기준으로 물 1,000,000,000g 에 물질 1 g 이 있는 경우를 뜻한다. 물의 밀도를 1g/㎤라고 가정하면 물 1L는 1000g에 해당하며, 1ppm은 1mg/L, 1ppb는 1㎍/L와 같게 된다. 전문적인 논문에서는 mg/L나 ㎍/L를 사용해야 한다.

6.5.1 물리적 특성

6.5.1.1 탁도

탁도(Turbidity)는 물의 탁한 정도를 나타내는 것으로, 백도토 1mg이 증류수 1L에 포함되어 있을 때의 탁도를 1도(또는 1ppm)라 한다. 물의 혼탁은 토사나 부유물질의 혼입, 용존 물질의 화학적 변화에 의한 것이나, 일반적으로 점토질 토양의 유입이 주된 원인이다. 강우나 홍수 시, 하천수의 탁도는 수천 도까지 크게 높아지게 된다. 탁도가 높으면 정수처리 시 응집제인 황산알루미늄이나 폴리염화알루미늄(PACl)이 다량 소요되고 여과지의 여과지속시간이 단축되므로, 탁도는 가능한 한 낮을수록 좋다.

우리나라에서는 2001년 7월 1일 이후부터 바이러스 검출이 되지 않도록 탁도 기준을 0.5도 이하로 대폭 강화하고 있으며 미국은 5도 이하를 기준으로 하고 있다. 또한 염소소독 시 세균이 탁질에 싸여 사멸되지 않는 경우도 있으므로, 탁도가 높은 물은 주의를 해야 한다.

6.5.1.2 색도

물은 원래 무색이지만, 수심이 깊으면 빛의 분산으로 인해 푸른색으로 보인다. 색도(color)란 색의 정도를 표시하는 것으로, 백금 1mg을 포함한 색도 표준액을 증류수 1L 중에 용해시켰을 때의 색상을 1도라 한다. 물의 색도가 높으면 수심이 깊은 것으로 볼 수 있다.

자연 상태에서 색도를 유발하는 물질은 리그린, 탄닌, 휴믹산, 휴믹산염 등이 있다. 부식산(腐植酸)은 휴믹산(humic acid)이라고도 하는데 나뭇잎, 침엽수, 목재 등의 부패분해로 생성되어 황갈색을 띄며, 자연계에서 색도를 유발하는 대표적인 물질 중 하나이다. 휴믹산이 포함된 물을 상수원으로 사용할 경우 염소소독에 의해 발암물질인 트리할로메탄(THMs)이 생성될 우려가 있다.

인공적으로 발생하게 되는 색도는 염료 등의 유기물과 구리, 철, 망간, 코발트 등의 무기물질이 주요 원인이 되어 염색, 제지산업의 배출수에서 빈번하게 관측된다. 색도를 지닌 폐수는 생물학적 처리 보다는 응집, 흡착, 산화 등의 물리.화학적 처리를 이용하여 처리한다.

우리나라의 수돗물 색도 기준은 2도 이하이고, 미국은 15도 이하이다. 색도가 높은 물은 이탄지의 지하수나 정체수가 많으며, 표류수는 흐르는 동안 색도 유발 물질이 산화되거나 분해되어 색도가 극히 낮다. 색도가 높은 물에는 일반적으로 유기물이 많이 포함되어 있으므로 좋은 원수라고는 할 수 없다. 상수 원수 중에 철, 망간, 구리 등이 함유되어 있으면 물은 각각 붉은 색, 검은 색, 또는 푸른 색을 띄게 된다. 이러한 성분들은 정수처리 공정에서 대부분이 제거된다. 색도가 5도 이하 정도면 완속 여과로 대부분 제거되고, 급속 여과에서는 황산알루미늄으로 응집 침전시킬 경우에 거의 제거된다.

6.5.1.3 부유성 물질

불순물입자는 물속에서 크기에 따라 부유 상태(suspended), colloid 상태, 혹은 용존 상태로 존재한다. 부유 상태의 물질은, 직경이 0.1㎛이상의 입자를 말하며, 0.1㎛ 이하 0.001㎛까지는 colloid 상태라고 하며, 0.001㎛이하의 크기를 가진 물질은 용존 물질(dissolved solids)이라 부른다.

부유물질(SS)은 물속에 존재하는 무기물과 유기물의 양을 지칭하는 것으로 0.1㎛ 이상의 입자상 물질로 구성되고 물의 탁도를 유발한다. SS는 수중에 현탁하고 있는 물질로서 천연수에서는 주로 점토광물에서 유래하는 미립자로 존재한다. 수중에 부유물질이 다량으로 존재하게 되면 탁도의 증가로 인해 물이 혼탁해지게 되어, 광선 투과율 감소로 인한 광합성 저하현상이 발생해 수중식물의 성장 억제 및 어류의 산란장소·서식지 감소로 인한 수중 어패류의 감소 등 수중 생태계에 나쁜 영향을 미치게 된다.

해당 시료를 공극이 1.0㎛인 여과지에 걸러 105℃에서 건조한 후에 남아 있는 잔류물을 SS로 분류한다. 고형물을 500℃에서 20분간 연소시킨 뒤, 태운 후에도 여과지 위에 남아있는 물질은 무기물질에 해당하는 강열잔류 고형물(FS)이라고 하며, 연소된 물질은 유기물질로서 휘발성 고형물(VS)이라고 분류한다. 정수조작에 있어서 부유물질의 제거는 용이하기 때문에 원수 중의 부유물질의 양은 그다지 문제시되지 않지만, 원수 중에 부유물질이 특히 많이 포함된 경우는 원수가 오염될 가능성이 높으므로 주의가 필요하다.

6.5.1.4 맛과 냄새

맛과 냄새의 문제는 순수한 물에 대한 이물질의 유입을 의미하며 사용자의 불편을 야기한다. 음용수의 맛을 느끼게 하는 원인물질로는 칼슘, 마그네슘, 칼륨, 나트륨 등이고, 이상한 맛은 지질에 원인이 있거나 해수 혼입에 의해 발생하는 경우도 있지만, 플랑크톤에 의하거나 하수, 공장폐수의 혼합으로도 발생한다. 지하수가 황화수소, 철 등을 포함할 때 특이한 맛이 나기도 한다. 냄새의 직접적인 원인으로는 유기물의 존재, 조류의 번식 등 미생물에 의한 경우와 산업 유기물, 폐수의 오염 등이 있다.

물의 냄새는 오수, 특히 페놀류를 포함하는 공장폐수의 혼입, 플랑크톤의 번식, 염소처리 등에 원인이 있다. 페놀류는 미량이라도(0.005mg/L 이상) 염소소독을 하면 클로로페놀이 되어 악취를 유발한다. 또 정수지 바닥에 플랑크톤의 사체가 많이 퇴적해 있거나 번식이 왕성하면 냄새가 난다. 일례로 1991년도에 페놀 원액이 낙동강에 유입되었으며, 페놀이 함유된 상수원수를 염소 처리하는 과정 중에 클로로페놀이 생성되어 악취가 심하게 발생하였다. 이 물을 식수로 마신 일부 주민들은 두통과 구토 증세를 보였고, 이후 임산부에게 악영향이 나타나기도 하였다.

맛과 냄새는 사람의 감각기관을 이용하여 평가하는데, 냄새, 맛의 정도는 이것들이 감지되지 않을 때까지의 희석배수로 나타낸다. 이상한 냄새와 맛(이취미, 異臭味)이가 약하게 나는 원수의 경우는 완속여과이나 급속여과로 처리가 가능하나, 그 농도가 높으면 여과만으로는 제거되지 않으며, 오존이나 활성탄처리를 행하기도 한다.

6.5.2 화학적 특성

6.5.2.1 pH (수소 이온 농도)

수소이온농도의 역수에 상용로그를 취하여 구한 값을 그 용액의 pH라고 하며 이는 물의 산 또는 알칼리의 강도를 나타내는 데에 이용된다. 순수한 자연수의 경우, 물속에서 활발하게 반응을 일으키는 수소이온(H^+)이나 수산화이온(OH^-)이온이 아주 소량으로 같은 양(10^{-7} mole/L) 존재하며, 이때 물의 pH는 중성인 7로 표현하게 된다.

pH 값은 0~14의 범위를 가지며, 상온에서는 pH 7이 중성이다. 산성이란 이 값보다 작은 경우이고, 알칼리성은 큰 경우를 일컫는다. pH는 용존 이온의 영향을 받아

변화하기 때문에 음용수의 경우는 중성부근이 바람직하며 pH가 낮은 물은 수도시설의 콘크리트나 철관 등을 부식시키기 쉽다. 물의 pH는 수질측정 시 반드시 필요한 기본항목으로 보통 담수일 경우 pH 7의 중성을, 해수는 8.2를, 빗물의 경우(순수) 대기 중 CO_2로 인하여 pH 5.6을 띄게 된다. 자연수의 pH 변화는 도시하수나 공장폐수의 유입으로 발생하기 쉽다.

6.5.2.2 경도와 알카리도

경도(hardness)는 물 속 양이온의 세기를 나타내는 것으로, 물속에 용해되어 있는 칼슘(Ca^{2+}), 마그네슘(Mg^{2+}) 등의 2가 양이온 금속이온에 의하여 발생하며, 이에 대응하는 CaCO3(mg/L) 값으로 환산하여 표시한다. 경도 값이 0~75 mg/ℓ이면 연수(soft water) 또는 단물이라고 하고, 150~300 mg/ℓ이면 경수(hard water) 또는 센물이라고 분류한다. 대체로 경수는 표토가 두껍고 석회암 층이 존재하는 지역에서 생긴다. 수중의 Ca^{2+}, Mg^{2+}는 주로 지질에 기인하는 것이며, 해수, 공장폐수, 하수 등의 혼합에 의한 것도 있다. 칼슘은 인체에 필요한 성분이므로, 음용수에 약간 있는 편이 좋으나, 경도가 높은 물을 많이 마시면 설사가 나기도 한다. 경도가 높으면 물때가 생기므로 가정용수 또는 공업용수로 적합하지 않다.

경도가 높은 물은 다음과 같은 문제를 일으킨다.

1) 센물은 세탁효과를 저하시킨다. 센물 속의 이온들이 비누와 먼저 결합하여 세척효과를 떨어뜨리며, 비누의 거품을 잘 형성시키지 못한다.
2) 보일러, 온수관 등의 설비에 물때(scale)를 만들어 각종 장치에 장애를 일으키며 열효율을 떨어뜨린다.
3) 위생적인 면에서 경도가 높은 물을 마시면 설사나 복통을 유발할 수 있다.

알칼리도란 수중에 수산화물(OH^-), 탄산염(CO_2^{2-}), 중탄산염(HCO_3^-)의 형태로 함유되어 있는 알칼리성을, 이에 대응하는 $CaCO_3$으로 환산하여 나타낸 것으로, 물속에서 산을 중화시키는데 필요한 능력의 척도가 된다. 물속의 알칼리도에 기여하는 물질을 높은 pH순으로 열거하면 ① 수산화물, ② 탄산염, ③ 중탄산염 등이 있으며, 주로 약한 산의 염이나 센 염기로 구성되어 있어 산을 첨가할 때 pH가 감소하는 것을 억제하는 완충작용을 하게 된다. 자연수의 경우 중탄산 알칼리도가 대부분을 차지하므로 알칼리도가 높다고 해서 반드시 pH가 상승하는 것은 아니다. 한편 알칼리도가 낮은 물은 철관을 부식시키지만 알칼리도가 높은 물은 철관의 표면에 스케일을 부착시켜서 관을 보호한다.

6.5.2.3 용존산소(Dissolved Oxygen : DO)

산소는 대기나 수중에 존재하는 화학적으로 극히 활발한 물질로, 대기 중에는 약 21%의 많은 산소가 존재하고 있다. 용존산소(DO)는 대기 중의 산소가 물 속에 용해되어, 수중에 존재하는 분자상의 산소를 의미하는 것으로 물의 온도, 기압, 염분 등의 불순물 농도에 따라 많은 영향을 받게 된다. 용존산소, 즉 DO(Dissolved Oxygen)는 "물 1L에 녹아있는 산소(O_2)의 농도(mg/L)"로 정의되며, 수질을 평가하는 가장 중요한 지표의 하나이다.

대기 중의 산소는 물에 아주 조금 녹는데 담수에 대한 산소의 용해도는 1기압 0℃에서 최대로 14.6mg/ℓ, 20℃에서 9.17mg/ℓ 정도이다. 즉 20℃의 경우 물 1톤 중에 최대로 녹을 수 있는 산소의 양은 불과 9g에 불과하다. 이는 9mg/L에 해당되어, 대기 중의 산소보다는 아주 적은 양이며, 각종 수질오염에 의하여 쉽게 소모되는 특징을 지닌다. 용존산소(DO)가 2mg/L이상 존재할 경우 수중의 악취가 사라지게 되며, 4mg/L 이상 유지될 경우 수체는 상대적으로 청정한 상태를 유지하게 된다.

6.5.2.4 생화학적 산소 요구량(Biochemical Oxygen Demand : BOD)

물속의 오염물질은 미생물에 의해 분해되며, 이러한 분해과정에서 미생물은 물속에 녹아있는 산소(DO)를 소모하게 된다. BOD는 폐수나 물의 주요 오염성분인 유기물량의 농도를 표시하기 위하여 가장 많이 사용되는 지표로서, "어떠한 유기물을 미생물에 의해 호기성 상태에서 분해·안정화시키는 데 요구되는 산소량"을 나타낸 것이다. BOD 수치가 높을수록 유기물이 많다는 것을 간접적으로 확인할 수 있게 되고, 이는 곧 물의 오염도가 높다는 사실을 의미한다.

BOD농도는 수중의 DO의 상태를 파악할 수 있는 간접적 지표로서, 유입된 유기물의 양이나 종류보다는 오히려 용존산소를 결핍시키는 잠재능력의 평가항목으로 이용되고 있다. 일반적으로 BOD는 관습적으로 20℃에서 해당 시료를 병속에 채운 후 5일

동안 배양시켰을 때 박테리아가 소모한 산소량을 측정하게 되는데, 이를 BOD5라고 하며 통상 BOD라고도 한다.

BOD 분석의 장점과 단점은 다음과 같다

장점

① 유기물 오염에 의한 실제적인 산소 소모량을 측정할 수 있다
② 생물학적 처리시설의 규모를 결정할 수 있다
③ 하천, 호수 등 수계 내 오염물질의 산화속도와 자정화율을 예측할 수 있다.

단점

① 분석 절차가 까다롭고 번거롭다.
② 분석에 오랜 시간이 필요하다.
③ 모발, 종이류(paper), 세롤로우즈 등의 유기물은 산화되지 않는다.
④ 독성이 강한 폐수의 오염도는 측정이 곤란하다.
⑤ 활성이 있고 순화 된 세균이 필요하다.
⑥ 생분해성 유기물질만 측정된다.
⑦ 질산화 미생물의 영향을 배제해야 한다.

6.5.2.5 화학적 산소 요구량(Chemical Oxygen Demand : COD)

화학적 산소요구량(COD)은 수중의 피산화성 물질(주로 유기물)을 산화제(중크롬산칼륨, 과망간산칼륨)를 이용하여 화학적으로 산화시킬 때 소비되는 산소량을 말한다. COD는 BOD와 마찬가지로 수중의 유기물 함유도를 측정하기 위한 간접적 지표이다.

다시 말해 COD는 유기물을 화학적으로 산화시킬 때 얼마만큼의 산소가 화학적으로 소모되는가를 측정하는 방법으로, 산화제로는 $K_2Cr_2O_7$이나 $KMnO_4$을 사용한다. 한편, 우리나라의 공해공정시험법 상에서는 산화제로 0.025N-$KMnO_4$ 용액이 사용되고 있다. 국제적으로는 일반적으로 COD측정을 위하여 $KMnO_4$ 대신 $K_2Cr_2O_7$을 많이 사용하고 있는데, 이는 여러 종류의 유기물질을 완전히 CO_2와 H_2O로 산화시킬 수 있기 때문이다.

생물학적으로 산화될 수 있는 유기물과 생물학적으로 '분해' 불가능한 물질 모두를 강력한 산화제를 이용하여 CO_2와 H_2O로 완전산화 시키기 때문에 COD값은 BOD값보다 일반적으로 높게 나타난다. BOD실험은 5일이 걸리나, COD실험은 약 2시간 이내 측정이 가능하다는 장점이 있다.

COD 측정의 장·단점은 다음과 같다.

장점 측정시간이 짧다
조작이 용이하고 측정설비가 저렴하다.
생분해가 어려운 모발, 지류(paper), 셀루룰로우스 등의 유기물까지 산화시킬 수 있다.
수중의 환원성 물질을 종합적으로 검출한다.
전반적인 (생물학적 난분해성을 포함한) 유기물 부하를 알 수 있다.
독성이 강한 폐수의 오염도를 측정할 수 있다.

단점 생물학적 분해 가능한 정도를 알 수 없다.

6.5.2.6 질소(nitrogen)

질산성 질소(NO_3^--N)는 토양, 물 등에 널리 존재하여 식물의 성장에 필요한 질소원이 된다. 질산성 질소는 단백질과 같이 복잡한 질소화합물(유기성 질소, Ogr-N)이 부패, 발효, 산화 등의 과정에서 생성되는 암모니아성 질소로부터 만들어진다. 암모니아성 질소(NH_4^+-N)는 먼저 *Nitrosomonas*라는 미생물에 의해 아질산성 질소(NO_2^--N)로 변화되며, 아질산성 질소는 다시 *Nitrobactor*에 의해 질산성 질소(NO_3^--N)로 전환된다.

수중에 존재하는 질소성분(Org-N, NH_4^+-N, NO_2^--N, NO_3^--N)은 모두 하수, 공장폐수, 분뇨 등과 같은 오염물의 유입에 의해 발생한 것이므로 물의 오염을 추정하는 지표가 될 수 있다. 일반적으로 도시하수중의 질소농도는 약 10~20 mgN/L 정도이다. 또한 $NH_3^+ \rightarrow NO_2^- \rightarrow NO_3^-$의 순서로 오염되는 시간이 길 수 있기 때문에 수중에 포함된 이들 성분을 조사해 보면 그 물이 오염된 후 얼마만큼의 시간이 흘렀

는지를 판단할 수 있다. 한편, 암모니아성 질소를 포함한 물은 염소처리 시 클로라민(chloramine)이란 화합물이 생겨 물의 염소요구량을 증가시키며, 발암물질인 트리할로메탄(THM)을 생성하기도 한다.

질산염과 아질산염은 흔한 수질오염원으로, 질산염은 주로 오수 정화조, 비료를 많이 처리한 경작지, 하수처리장 등에서 배출된다. 이것은 사람의 몸속에서 독성이 있는 아질산염으로 전환되며, 이들 성분은 혈색소의 헤모글로빈과 결합하여 메트헤모글로빈을 형성하게 된다. 메트헤모글로빈화 된 적혈구는 호흡작용에 필요한 질소와의 결합능력을 잃게 되기 때문에 유해하다. 또한 이로 인해 헤모글로빈과 산소의 결합력이 저하되므로 호흡이 곤란해지고 엉덩이, 피부 등 온몸이 파랗게 되는 청색증(靑色症, 블루베이비병. 메트헤모글빈혈증, methemoglobinemia)를 발생시킨다. 3개월 미만의 유아에게 메트헤모글로빈의 형성은 치명적일 수 있다.

세계보건기구에서 정한 음용수의 질산염 기준치는 45mg/L이고, 우리나라의 기준치는 10mg/L이다. 한편 총 질소(T-N)와 총 인(T-P)은 부영양화 수준을 판단할 수 있는 지표로 사용된다.

질소 분석 자료의 의의는 다음과 같다.

- 수질오염정도의 척도
- 폐수처리시설에 대한 영양물질(N, P) 주입여부 평가
- 수계의 부영양화 예측 및 적절한 방지 대책의 마련
- 질산화로 인한 하천, 호소의 산소 결핍에 대한 대처
- 처리시설의 질산화 탈질 공정 도입 검토

6.5.2.7 인(phosphorus)

인 역시 조류나 생물의 성장에 필수적이다. 인의 유입으로 인하여 수체 내에 유해한 조류가 급성장(algal bloom, 조류의 대발생) 할 수 있기 때문에 생활하수, 산업폐수 및 축산폐수 등에 의하여 강과 바다에 유입되는 인 화합물의 양을 규제하는 문제가 관심의 대상이 되고 있다. 도시하수 중의 인 함유량은 약 4-15 mgP/L 정도이다.

인의 형태는 주로 정인산염(orthophosphate), 폴리인산염 및 유기 인산염 등이다. PO_4^{3-}, HPO_4^{2-}, $H_2PO_4^-$ 등의 정인산염은 생물의 신진대사에 이용된다. 폴리인산염은 2개 이상의 인 원자와 산소 원자 그리고 경우에 따라서는 수소 원자가 같이 결합된

복잡한 분자인데, 수용액 중에서 가수분해 되어 ortho형으로 되돌아가지만 이 가수분해 반응은 아주 느리다. 유기물 중의 인은, 생활하수에서는 수 mg/L 정도로 낮은 편이나, 산업폐수나 폐수 슬러지에서는 고농도로 존재할 경우도 있다.

표 6-1 유기물과 질소, 인의 수질오염 발생 및 처리 개요

유기탄소 → 유기물 → 박테리아의 먹이 → 박테리아 증식 → 용존산소 고갈 → BOD/COD 제거 → 활성슬러지법 처리
N, P → 영양염류(비료성분) → 부영양화 → 조류의 증식 → 적조/녹조/조류 대발생 → 독성물질/물고기 폐사 → T-N, T-P 제거 → 고도처리(A_2O 공법)

6.5.3 미생물학적 특성

6.5.3.1 일반세균

일반세균이란, 보통 한천배지에서 집락(colony)을 형성할 수 있는 생균을 말하며, 물의 오염지표로서 중요한 의미를 갖는다. 일반세균수는 검액 1mL를 보통 한천배지 15mL에 가하여 35~37℃에서 22~26시간 배양한 후 생성된 집락의 수를 가리킨다. 수질기준은 1mL 중 100개 이하이나 염소 소독 후에는 거의 사멸한다. 일반세균은 여과지의 효율을 나타내는 데에도 이용되는데 보통 제거율을 백분율로 표시한다.

일반세균시험에서 집락을 형성하는 세균은 일반적으로 무해한 잡균이지만 경우에 따라서는 전염병균이 혼재하기도 한다. 그러나 이들 세균은 상온에서 수조나 정체수에서도 증식하므로 실제 오염과는 거리가 있을 때도 있다. 그러므로 채수 즉시 시험해야 한다.

6.5.3.2 대장균 군(coliform group)

대장균 군(Coliform Group)은 장내세균(인간의 장내에 기생하는 세균)의 하나로, 수체 또는 음식물 등에서의 대장균의 검출은 분뇨오염을 암시하며, 분뇨의 특성을 감안할 경우 병원성세균에 오염되었다는 사실을 간접적으로 표현해주는 역할을 한다. 즉 대장균은 비 병원성이나, 병원성세균보다 저항력이 커서 인간의 장내환경에서 자연환경으로 노출될 경우에도 오래 살아남게 되므로, 대장균의 검출은 곧 병원성세균에 의한 오염가능성을 시사하게 된다.

대장균 군(coliform)은 배설물 중에 가장 많이 존재하는 세균으로 콜레라, 장티푸스 등의 병원균보다도 수중에서의 생존력이 강한 것으로 알려져 있기 때문에 분변성 오염의 지표세균으로 이용되고 있다. 다시 말해 수중으로부터 직접 콜레라, 장티푸스균을 검출하는 것은 어려우며, 대장균이 없으면 이들 병원세균이 거의 없는 것으로 볼 수 있다는 의미의 지표이다. 대장균 군은 *Escherichia Coli*와 *Aerobactor Aerogenes*의 2개 군으로 나누며, 유당을 분해하여 산과 가스를 생성하는 모든 호기성 또는 통성혐기성균으로 정의된다.

직접적인 병원성 미생물의 검사는 방법상의 장애 등 현실적으로 어려움이 많다. 따라서 간접적인 방식으로 대장균 군이나 분원성 대장균 군, 대장균, 분원성 연쇄상구균 등과 같은 지표미생물을 사용해, 수인성질병의 주원인인 분원성 오염여부를 상시로 진단하여 수인성 질병을 미연에 예방하고 있다. 이것이 먹는 물에서 미생물 항목 검사를 하는 목적이며, 우리나라도 대장균 군을 상시로 검사하여 수인성 질병의 가능성을 나타내는 분원성 오염을 진단하고 있다.

수인성전염병을 일으키는 각종 미생물을 평가 분석하는 대신에 보통 대장균 군을 조사하여 그 오염가능성을 평가하는 이유는 다음과 같다.

① 인체의 배설물 중에 항상 대량으로 존재하며 소화기계통 전염병균은 언제나 대장균 군과 함께 존재한다.
② 대장균은 동물의 배설물 중에 대체로 쉽게 발견되며 검출이 용이하다.
③ 소화기계통 병원균보다는 저항력이 조금 강하고, 일반세균 보다는 약하며, 수중에서는 병원균보다 약간 오래 생존한다. 즉, 대장균이 검출되면 병원성 균이 존재할 가능성이 높음을 의미하고, 대장균 군이 검출되지 않으면 병원균이 사멸된 것으로 볼 수 있다.
④ 병원균보다 검출이 용이하고 신속하게 측정 할 수 있다.
⑤ 시험이 정밀하여 극히 적은 양도 검출이 가능하다.

6.5.3.3 수인성 전염병

(1) 세균성 전염병

주로 물을 매개로 하여 발생하는 전염병으로 소화기 계통이 대부분이며, 수도수나 음식을 통해서 또는 환자나 보균자와의 접촉에 의해서 전염된다. 소화기계통의 전염병으로는 이질, 장티푸스, 파라티푸스, 전염성 설사, 병원성 대장균에 의한 대장염 등이 있다. 식품이나 접촉을 통해 전염되는 질병은 크게 유행하지 않지만, 물에 의한 전염병은 전염속도가 빠르고 발생지역이 대규모인 특성을 가지고 있다.

전염병 발생 원인을 살펴보면, ① 수원의 오염, ② 급배수관의 균열이나 불완전한 접합, ③ 급배수 시스템의 결함 등을 들 수 있다. 이 중 크로스 커넥션(cross connection)이 종종 문제시되는 경우가 있으므로 수원의 위생적 관리에 있어 주의를 기울이지 않으면 안 된다.

수인성 전염병이란 물이나 음식물에 들어있는 세균, 바이러스 등에 의해 전염되는 병을 말하며, 이질. 장티푸스, 콜레라 등이 대표적 수인성 질병이다. 세균성 이질은 고열, 설사, 복통, 구역질 등의 증상이 나타나며, 가벼운 묽은 설사만 있는 경우도 있다. 전염성이 강한 질병이며, 증상이 없어진 후에도 길게는 수개월동안 대변을 통해 이질균이 계속 배출되어 타인을 전염시킬 수 있다.

콜레라는 갑작스런 설사와 구토, 근육경련이 나타나며 오염된 식수나 음식 또는 해산물을 날로 먹었을 때 발생 가능한 전염병인데, 콜레라균은 여러 가지 변이형이 존재하며 고온에는 약한 것으로 알려져 있다. 장티푸스는 초기에는 고열이 지속되면서 오한과 두통이 있어 독감과 유사하나, 수일이 지나 복통, 설사나 변비 등의 증상이 나타나며, 장출혈 등의 합병증도 발생할 수 있다.

콜레라는 잠복기가 1~3일이며 환자의 치사율은 5~75%에 이르고, 장티푸스의 경우 잠복기는 2~3주, 치사율은 10%정도로, 콜레라에 비하면 치사율이 낮은 편이다. 염소살균이 일반화되기 시작한 20세기 초기까지만 해도 가장 무서운 급성 전염병이었다.

비브리오 패혈증은 일반적으로 구토, 설사, 복통 등을 일으키나 상처 난 피부를 통해서 감염이 되었을 경우에는 피부 궤양이나 괴사를 일으킬 수도 있다. 어패류를 생식하거나 해안가 등에서 상처 난 피부를 통해 감염될 수 있다.

(2) 원생동물성 전염병

원생동물이란 하나의 세포로 구성된 가장 하등한 원시적 동물로서 다양한 종류와 식처가 존재하는데, 일부 원생동물 (Protozoa)은 먹는 물에 오염되어 설사, 복통, 발열 등 질병을 일으키기도 한다. 먹는 물에서의 병원성 원생동물로는 크립토스포리디움(*Critosporidium*), 지아디아 (*Giardia*), 사이클로스포라(*Cyclospora*) 등이 대표이다. 특히 크립토스포리디움은 과거 90년대 초 미국의 한 정수장에 오염되어 밀워키 시에서 대규모로 발병한 유명한 사례가 있다. 1993년에 위스콘신 밀워키에서 약 37만 명의 사람들에게 도시 상수에 기인한 설사병이 나타나 약 4천명의 사람들이 입원했고, 100명 정도의 사람이 합병증으로 사망했다.

수계의 오염으로 주로 발생하는 문제는 아메바성 이질이다. 이 병원충(*Entameba Hystolytica*)은 포자(cyst)를 형성하기 때문에 악조건에서도 잘 견디며, 염소소독에 대해서 저항력이 크다. 그러나 크기가 비교적 커서 응집, 침전, 여과에 의해 쉽게 제거된다. 아메바 성 이질은 생활하수와 같은 오염원이 원수에 유입됨으로써 수원에 의해 전염된다.

병원성 미생물을 제어하는 방법에는 크게 소독제에 의한 방법과 여과수의 최고 탁도를 저감하는 방법으로 구분된다. 일반적인 병원성 미생물은 기존 소독공정으로도 충분히 대처가 가능하나, 1993년 미국 밀워키 시에서 대형 수질사고를 발생시킨 *Cryptos poridium*과 같은 소독 내성 미생물은 염소와 같은 일반적인 소독제에는 상당한 내성이 있어 현실적으로 소독이 곤란하다. 반면에 오존으로는 매우 쉽게 소독이 가능하므로 *Cryptos poridium*이 다량 발생되는 원수를 취수하는 정수장에서는 오존과 같은 고도산화공정을 도입하여야 한다.

6.6 유해물질

(1) 시안(CN)

시안이 자연수에서 검출되는 경우는 거의 없으며, 산업폐수 등의 유입에 의해 검출되는 것이 대부분이다. 고농도 시안 용액을 취급하는 업종으로는 도금과 같은 표면처리업이나 몇몇 유기합성공업 등이 있다. 또한 저농도이긴 하나 배수량이 많은 것에는 가스 제조 폐수, 코크스 제조폐수, 각종 연소로 가스의 세정배수 등이 있다. 수중의 시안 화합물은 처리과정에서 제거되기 어렵기 때문에 원수 중에서 검출되었을 경우에는, 취수를 정지하거나 급수정지 등의 조치를 하여야 한다.

(2) 수은(Hg)

수은은 미량원소로 그 존재량은 적지만, 지각의 표면 가까이에 국소적으로 함유량이 많은 지역도 있다. 수은은 일반적으로 무기수은과 유기수은화합물로 나뉜다. 수은의 독성에 대해서는 급성 독성보다도 만성 독성이 중요한데, 수은화합물의 화학형태에 따라서는 생체 내 농축과 생체 내 축적이 확인된 바 있으므로, 만성 독성을 고려했을 경우 허용량은 낮아지는 것이 바람직하다. 메틸수은과 같은 알킬수은의 독성은 수은화합물 가운데에서도 특이한데, 장으로부터 쉽게 흡수되어 뇌신경에 전달, 신경증상을 나타낸다. 이에 비하여 무기수은은 흡수율이 낮고 소변으로의 배설이 비교적 많기 때문에 독성은 메틸수은에 비해 상당히 낮다.

수은은 극히 낮은 농도에서도 독성을 갖는 자연물질로, 금속상태, 무기염, 유기화합물의 형태로 독성을 나타낸다. 1950년대 이전에 수은은 독성이 없는 물질로 알려졌다. 잘 낫지 않는 성병이나 피부병 등을 수은화합물을 이용하여 치료하였고, 염화제1수은인 감홍은 통변이나 이뇨제, 원예용 살균제 그리고 질그릇에 그림을 그리는 금물로 사용되었으며, 몇 년 전까지만 하여도 상처 소독에 흔히 사용하던 방부제인 머큐로크롬도 수은을 함유한 물질이다. 치아의 치료에 사용되는 아말감 속에는 다량의 수은성분이 존재하며, 백신에도 수은을 사용하는 경우가 많으므로 주의가 필요하다. 최근에는 수은과 자폐아의 관련성에 대해서도 연구가 진행되고 있다.

1950년대에 일본에서 수은의 독성이 알려진 후 수은에 대한 경각심을 갖게 되었다. 1953년부터 1961년에 걸쳐 일본 구주의 미나마타 해안에서 사람을 무기력하게 만드는 병이 번지기 시작하였는데, 특히 젊은이들에게 많이 발생하였다. 환자들은 수족마비증상을 보였는데, 젓가락 사용이 곤란해지고 심한 경우에는 보행이 불가능하게 되었다. 심한 통증이 오며 사람에 따라서는 광기를 보이는 경우도 있었다. 사람뿐만이 아니라 그 지역에 살고 있는 고양이까지도 이러한 증세를 보였다.

조사 결과 이는 수은중독으로 밝혀졌는데, 이 지역 주민들이 주로 먹는 어패류에 다량의 수은이 함유되어 있음이 드러났다. 이 지역의 해안에는 염화비닐을 제조하는 화학공장이 있었는데, 수은이 함유된 폐수가 바다로 직접 흘러들어 어패류를 오염시켰다. 이때의 수은 중독으로 100여 명이 죽거나 심한 신경장애를 일으켰고 20여 명의 정신박약아가 출생하였다.

산업폐수에 포함된 무기 혹은 유기수은 화합물은 호수나 바다 밑에 침전되어 혐기성세균의 작용을 받아 메틸수은을 형성한다. 메틸수은은 수생생물에 쉽게 흡수되어 지방조직에 축적되는데, 먹이사슬을 통해 그 양이 농축되며, 특히 참치나 상어 같은 대형어류속에 고농도로 존재한다. 인체에 들어오면 뇌에 비가역적인 손상을 준다든지, 태아 조직과 친화성이 높아 유전적인 손상을 주는 등 여러 가지 독성을 나타낸다.

(3) 유기인

유기인은 주로 파라티온, 메틸파라티온, EPN 등 농작물의 해충구제에 사용되는 농약에 포함되어 있다. 유기인에는 각종 유기인산 에스테르류와 유기티오인산 에스테르류가 있다. 인산 또는 티오인산은 유기인화합물의 공통요소이지만 이것과 결합하는 유기에스테르계 화합물의 종류가 많다.

파라티온 등의 강독성 유기인계 농약은, 신경조직내의 아세틸콜린 에스테라제 내부에 있는 셀린(celin)의 수산기가 인산에스테르와 반응, 아세틸콜린이 비정상적으로 축적됨으로써 중독증상을 일으킨다. 유기인은 통상적인 정수처리로는 제거할 수 없고, 따라서 검출이 확인되면 시안의 경우와 같이 취수 정지나 급수 정지를 해야 한다.

(4) 구리(Cu)

구리(銅, 동)는 자연계에 널리 분포되어 있으며, 생체를 구성하는 주요원소의 하나로 동물, 식물에게는 필수원소이다. 물속에 존재하는 동이온은 광산폐수, 공장폐수, 농약에 기인하거나 저수지에서 조류의 제거 목적으로 사용한 황산동, 염화동의 투입으로 인해 발생하는 경우가 있고, 동관을 급수관으로 사용할 때에도 용출되는 경우수가 많다. 특히 CO_2나 O_2를 많이 포함하는 물에서는 동의 용출이 많아진다. 따라서 지하수를 수원으로 하는 경우에는 주의를 기울여야 한다.

동이온을 함유한 물은 보일러 교환기나 상수관의 부식을 일으키며, 아연도강관, 철제품, 알루미늄 기구에 부식을 촉진시키고, 백색 세탁물을 청색으로 변화시킨다. 사람에 대한 동의 독성은 낮은 편으로, 인체 내 축적이 어려워 만성 중독을 일으키기는 어려우나 간·신장 손상, 중추신경장애(우울증), 소화기계 장애 등을 유발한다.

(5) 철(Fe)

철은 자연계에 널리 다량으로 분포되어 있으며, 생체 중에도 상당량 함유되어 있는 원소 중 하나로 생체 내에서 산화환원반응이나 호흡기능에 관여하는 필수원소이다. 지질 중에 다량으로 존재하는 원소이기 때문에 지표수나 지하수에도 함유되어 있으며, 수중에서의 존재 형태는 복잡하고 변화하기 쉽다. 인체의 필수 물질이기는 하나 다량으로 존재하면 착색이나, 금속 맛을 내는 원인이 된다. 철의 인체 내 축척 현상으로는 haemochroma-tosis(혈색증 : 피부 및 내장에 혈소 침착)을 유발하기도 한다.

콜로이드 상태의 철에는 수산화물이나 유기물과 결합한 철, 무기콜로이드에 흡착된 철 등이 있다. 급·배수시설에서 철의 용출은 pH와 알카리도가 낮고 CO_2가 많은 물에서 쉽게 일어난다. 또한 배관이 오래되었거나 철박테리아의 번식이 있는 경우 녹이나 균체가 유출되어 적수(붉은색의 물)의 원인이 된다.

(6) 망간(Mn)

자연수역에 존재하는 망간은 주로 지질에 기인하지만 광산폐수나 공장폐수 등의 유입으로 발생하는 경우도 있다. 망간도 생체의 효소작용에 관여하는 필수 원소로, 인체에 망간이 부족하면 성장의 둔화, 빈혈, 생식장애, 기형아출산 등이 나타난다. 망간은 철과 함께 지각 중에 다량으로 존재하지만 철보다는 적은 양이다. 염소처리에서 산화됨으로써 생성되는 4가 망간화합물은 미량으로도 물에 색을 유발시키며 관내에 축적되어 흑수(black water)의 원인이 된다. 자연수에서는 주로 용존 또는 부유의 형태로 존재하며 혐기성상태의 지하수는 용존성 망간을 높은 농도로 포함한다. 인간에게 필수적인 원소임에도 불구하고 음용수에 섞이면 빈혈, 심장·혈관계 질환을 유발한다.

(7) 아연(Zn)

아연은 자연수에는 포함되어 있지 않고 광산폐수, 공장폐수에 혼합되어 있거나 아연도강관으로부터 용출하여 물속에 존재하게 된다. 아연도 다른 금속과 마찬가지로 CO_2가 많은 물에 잘 녹는다.

아연을 다량으로 함유한 물은 수도전에서 나온 직후 희게 흐려지는데, 이는 아연이 CO_2를 포함한 물이 녹아 있다가 대기와 접촉하면 산화되어 수산화아연으로 분출되기 때문이다. 아연의 용출을 줄이기 위해서는 물의 pH를 7.5~8.0으로 높여 CO_2를 제거해 주는 것이 좋다.

(8) 6가 크롬(Cr^{6+})

크롬화합물 가운데 삼산화크롬, 크롬산염, 중크롬산염은 6가 크롬화합물이다. 6가 크롬화합물은 도금업, 피혁 가공업, 기타 각종 약품공업에 쓰이며, 수역의 수질오염은 이들 폐수로 인해 발생한다. 6가 크롬은 유기물과 반응하면 3가 크롬화합물이 된다. 일반적으로 3가 크롬은 장에서의 흡수가 어려운데 반해, 6가 크롬은 3~5배로 흡수가 잘되고, 산화성과 막투과성 때문에 3가 크롬에 비하여 독성이 매우 높고 급성중독을 나타낸다.

(9) 카드뮴(Cd)

카드뮴은 지각 중에서는 아연과 같이 존재하는 경우가 많으며, 자연계에 널리 분포되어 있어 지표수나 지하수에 아연의 약 1/200정도가 함유되어 있다. 카드뮴은 합금, 도금, 안료, 고무, 염화비닐, 사진재료, 요업재료에 널리 쓰이는데 정련, 제조과정에서 물에 용출할 가능성이 있다.

카드뮴의 만성중독은 이른바 '이타이이타이(痛い痛い)병'이라는 공해병으로 알려져 있으며 카드뮴은 인체에 축적되어 골연화증과 같은 간장 장애를 일으킨다. 또한 만성중독 시 위장장애, 내분비장애, 칼슘 대사 장애 등을 유발한다. 이러한 카드뮴의 대부분은 수처리과정 중에 제거된다.

(10) 비소(As)

비소화합물은 유리, 염료, 안료, 의약품, 농약 등의 원료로 쓰이며 정련, 제조과정에서 배출될 가능성이 있다. 비소화합물의 독성은 그 존재 형태에 따라 다른데, 통상적으로 3가나 5가 화합물이 독성을 갖고 있으며, 5가 비소가 더 강한 독성을 나타낸다. 그러나 시안이나 수은만큼 독성이 강하지는 않다.

(11) 불소(F)

불소는 주로 지질에 기인하며, 지표수에는 적고 지하수에 많다. 주요 발생 원인으로는 불소가 함유된 원료를 사용하는 알루미늄 정련공장, 인광석을 원료로 쓰는 비료공장, 유리, 도자기, 타일, 법랑 등을 만드는 공장과 일부 야금공장 등이 있다.

불소화합물이 녹아 있는 지하수가 하천 등 공공수역에 유입되는 경우 또는 불소화합물을 원료로 사용하는 사업체에서 배출되는 가스가 물에 용해되거나 폐수가 유입되는 경우에 불소화합물에 의하여 수질이 오염된다.

불소에는 여러 가지 성질이 있으며, 물에 한도량 이상으로 포함되면 반상치(fluorosis)라는 병이 생기나, 적당량을 함유하면 충치예방효과가 있다. 한편 불소화합물은 고농도에서 급성독성을 일으킨다. 병리적 변화로 출혈성 위장염, 급성 신장염을 일으키며 간 및 심근에 해를 주고 심한 경우 갑상선에도 영향을 준다.

불화나트륨의 급성 치사량은 약 5g이다. 불소화합물의 농도가 약 1mg/ℓ까지 증가하게 되면 충치발생이 감소되나, 1.5~2.0mg/ℓ로 증가하게 되면 치아에 반점(반상치)이 형성된다. 또한 불소화합물의 식물에 대한 피해도 매우 심각한데 이처럼 불소가 식물에 미치는 영향은 먹이사슬 등을 통하여 농축되어 사람에게도 피해를 줄 수 있기 때문에 매우 중요하다. 불소의 한계값은 식생활과도 관계가 있으며, 미국은 1mg/L, 한국은 0.8mg/L이다. 따라서 수돗물의 허용량도 미국은 0.8~1.7mg/L, 한국은 1.5mg/L이다.

치아 보호를 위해 미국, 캐나다 등에서는 수도수에 불소를 1mg/L정도 주입하는 경우가 많다. 그러나 12~13세 이하의 유년자에 대해서는 충치 예방효과가 없고, 급수량 중 음용수로 사용되는 양이 극소량인 점을 고려해, 불소투입은 도포하거나 껌(gum) 등에 넣는 등 다른 방법으로 하고, 수돗물에 불소를 첨가하는 것은 피하는 것이 바람직하다.

(12) 알루미늄(Al)

알루미늄은 지구상에 다량으로 분포하기 때문에 자연수인 하천수, 지하수 등에서 흔히 발견되는 화합물일 뿐만 아니라, 수처리용 응집제(황산알루미늄, 염화알루미늄)로서도 광범위하게 사용되고 있다.

알루미늄은 일상생활 중에서 자주 접할 수 있기 때문에 인체 내에 축적 될 가능성도 높은 편이다. 알루미늄이 뇌에 축적될 경우 치매의 원인이 된다고 알려져 있으며, 기타 뇌질환 및 신경질환의 원인물질로도 지목되고 있다. 실제로도 치매환자의 뇌에서 알루미늄 성분이 일반인들보다도 더 많이 검출된다는 연구결과들이 있다. 알루미늄 호일, 캔, 각종 주방용품(양은 그릇 등)과 음식물(당면, 베이킹 파우더), 약품류 등에도 알루미늄 성분이 포함되어 있으므로 주의가 필요하다.

(13) 페놀류

벤젠고리에 수산기(OH^-)가 붙은 화합물을 페놀이라 하는데, 이 페놀에 여러 가지 작용기가 결합하게 되면 여러 종류의 유도체가 생성되며, 이들을 총칭하여 페놀류라 한다. 페놀은 특유한 냄새를 갖는 무색의 결정으로 페놀수지와 나일론 등 섬유를 제조하는데 원료로 사용되며, 살균력이 좋기 때문에 병원에서도 소독용으로 널리 사용되고 있다. 페놀류 중에서도 염소와 반응하여 만들어지는 염화페놀류는 매우 강한 독성을 가지고 있으므로 살충제나 농약으로 사용되며, 이중에서도 삼염화페놀은 발암성 물질인 것으로 알려져 있다.

페놀류는 자연수에는 포함되어 있지 않고 석탄가스공장, 석탄산이나 크레졸을 원료로 하는 화학공장의 폐수에 함유되어 있으며, 아스팔트 포장도로를 통과한 빗물에서도 검출된다. 상수도에 있어서는 콜타르, 아스팔트 등으로 내면도장을 한 배수지의 물속에 페놀류가 용출하는 경우가 있다.

페놀류는 그 자체에도 독성이 있지만, 물속에 미량으로 존재하여도 염소 소독 시 페놀과 염소가 결합하여 클로로페놀을 생성하게 되는데, 특유의 냄새 때문에 수도에서는 양을 규제하고 있다.

(14) 음이온 계면활성제

세제로는 음이온, 양이온 및 비이온 계면활성제가 있으며, 이 가운데 음이온 계면활성제가 가장 많이 사용되고 있다. 또한 음이온 계면활성제 중 경성세제로 알려진 ABS(alkyl benzene sulfonate)는 생물분해가 어려워 최근에는 분해가 비교적 쉬운 LAS(linear alkyl benzene sulfonate)를 사용하도록 규제하고 있다. 합성세제 속에는 환경호르몬 물질이 함유되어 있을 가능성이 높다. 음이온 계면활성제의 상수도 수질기준은 0.5 mg/ℓ 이하이다.

합성세제가 하천, 호수 등 공공수역에 유입되면 수면에 거품을 형성하여 공기 중의 산소가 물속에 용해되는 것을 방해하므로 물속의 생태계 전반에 다음과 같은 영향을 미치게 된다.

- 용존산소의 부족으로 물고기의 호흡작용 저해 및 유기성 오염물질을 분해시키는 자정능력이 감소된다.
- 햇빛의 물속 투과 방해로 물속 식물의 탄소동화 작용을 저해한다.

- 합성세제 중에는 계면활성성분 이외에도 경수를 연화시켜 세정력을 높여주는 폴리인산염이 배합되어 있어, 흐름이 정체된 호수나 그 연안에 인산의 농도를 증가시켜 부영양화 현상을 발생시킨다.

(15) 트리할로메탄(Trihalomethane)

트리할로메탄(trihalomethane, THM)이란 메탄(CH_4)의 수소원소 중 3개가 한 가지 또는 여러 가지의 할로겐원소(염소, 불소, 요오드, 브롬)로 치환된 화학물질을 말하며 10 종류가 존재하는데, 그 중 트리클로로메탄($CHCl_3$), 브리모디클로로메탄($CHBr_2Cl$), 디브로모클로로메탄(CHR_2Cl), 브로모포름($CHBr_3$)의 4종류를 총칭하여 총트리할로메탄(THMs)이라 부른다. 현 음용수 수질기준에서는 위의 네 가지 화합물 값(0.1 mg/ℓ 이하)을 규제하고 있고, 이들은 물을 끓이면 증발되어 제거된다.

트리할로메탄(THMs)은 상수원에 함유되어 있는 유기물 중 천연적으로 존재하는 부식질(humic substance)이 살균 소독을 위해 사용되는 염소와 반응하여 생성된다고 한다. THMs의 생성정도는 반응시간이 길수록, pH가 높을수록, humic acid 양이 많을수록, 체류시간이 길수록 높아진다.

트리할로메탄은 수돗물에서 가끔 검출되고 있으며, 이들은 발암성 또는 변이원성이 있는 물질인 것으로 알려져 있다. 트리할로메탄은 상수 정수처리 과정에서 염소 소독을 하면 생성된다고 알려져 있으며, 우리 염소에 의해서만 생성되고 다른 원소와 결합한 염소 화합물에 의해서는 거의 생성되지 않는다. 물속에 존재하는 유기물질의 양에 비례하지만, 수온과 pH가 높거나 염소 주입농도가 높을수록, 염소처리 후 시간이 경과할수록 그 생성량은 증가하게 된다. 다시 말해 Trihalomethane(THM)은 정수처리의 염소주입공정에서 발생하는 물질로 자연계에서 유래한 부식질계 유기물과 주입된 유리염소가 반응하여 생성된다.

THM은 동물실험 결과 발암성물질인 것으로 입증되어 미국에서는 최대허용농도를 0.1mg/L로 규제하고 있다. 현재와 같이 소독제로 염소를 사용하는 한, THM의 발생은 불가피하기 때문에 오존, 이산화염소, 결합염소를 사용한 소독법에 대한 연구가 활발히 진행되고 있으며, THM의 원인물질인 미량유기물 제거와 생성된 THM의 활성탄 흡착 등의 대책도 유효하다.

제 7 장 수질오염

7.1 자정작용과 수질오염

하천이나 호수가 각종 폐수에 오염이 되어도 시간이 지나면서 물리 화학적, 생물학적 작용에 의하여 깨끗한 원래의 상태로 회복하는 현상을 물의 자정작용(self-purification)이라고 한다. 물의 자정작용은 주로 희석, 확산, 교반, 재폭기, 침전 등에 의하여 이루어진다. 수질오염이 비교적으로 약한 경우에는 자정작용에 의하여 원래 상태로 수질이 회복 되지만, 오염이 심한 경우에는 자정작용이 불가능하여, 수질은 점차로 악화된다. 수질오염(water pollution)이란 자정작용을 초과하는 다량의 오염물질이 지표수나 지하수에 유입하여 수질의 저하를 초래하고 수자원 이용이나 생태계에 나쁜 영향을 주게 되는 경우를 말한다. <표 7-1>은 대표적인 수질오염 현상을 정리한 것이다.

표 7-1 대표적인 수질오염 현상들

수질오염 현상	구체적 현상
용존산소 고갈	– 수중에 유기물이 유입되면 미생물이 증식하게 되고, 산소를 소비하게 됨 – 산소의 소비로 혐기성 상태가 되면서 부패가스와 악취가 발생하고 물색깔이 검게 변하기도 함
중금속에 의한 오염	– 간, 지방, 뼈 속 등 몸 안에 지속적으로 축적되어 농축됨 – 중금속은 먹이사슬 과정을 거치면서 계속 축적되어 최종 소비자에게 만성적이며 심각한 피해를 초래함
질소 및 인의 유입	– 과도한 영양염류의 유입에 따른 부영양화 현상 초래 – 조류의 과도성장으로 정수시에 문제를 일으키며, 물에서 맛과 색도를 유발하고 THM 등의 발암물질이 생성되기도 함
전염성 세균에 의한 오염	– 감염된 동물이나 사람의 배설물이 수계에 유입되어 진행 – 이질, 장티푸스, 콜레라 등

7.2 수질오염의 원인과 현상

7.2.1 수질오염의 원인물질

인간의 일상생활, 산업 활동 및 농경활동 등으로 인하여 자연수계에 배출되는 수질 오염물질은 매우 다양하다. 이들 오염물질은 수중의 산소를 고갈시키는 유기물, 수인성 전염병을 발생시키는 병원성 미생물, 부영양화의 원인이 되는 영양염류, 다양한 무기형태의 염, 잔류성이 많은 유해 중금속 및 농약을 포함한 휘발성 유기물 등으로 구분할 수 있다.

(1) 산소 요구 물질

가정 하수, 축산농가 등에서 나오는 동물의 분뇨 등이 대표적인 산소 요구물질이다. 수계로 유입된 유기물은 미생물에 의해 분해되는데, 이 과정에서 산소를 사용하게 되므로 물 속의 용존산소가 소모된다.

(2) 질병 유발 물질

세균이나 바이러스, 기생충이나 인체에 질병을 옮길 수 있는 원생 생물이 급격히 증식하여 사람에게 여러 질병을 퍼뜨릴 수 있다.

(3) 질소와 인 등의 영양염류

질소, 인과 같은 영양염류는 부영양화를 유발시키는 주요 원인물질이다. 질소와 인은 주로 농업용 비료, 사람이나 가축의 분뇨, 합성세제로 부터 발생된다. 미처리된 하수 또는 공장폐수에 의해 강이나 댐을 포함한 호소로 다량 유입될 경우 부영양화, 연안의 적조현상, 암모니아의 어류 독소, 수중의 용존산소 결핍 등을 초래한다. 영양염류의 과잉으로 부영양화가 발생하면 조류(algae)가 과다성장하면 물에서 맛과 색도가 발생하며, 정수처리시 THM 등의 발암물질이 생성되기도 한다.

(4) 수용성 무기 화합물

산, 염기, 독성 중금속 등을 함유한 물질로서, 이들 물질은 쉽게 분해되지 않고 토양을 통해 생물체로 흡입되어 인체에 들어오거나, 음료수를 통해 인체에 들어와서 인체 내에서 독성을 일으킨다.

(5) 유기 화학 물질

석유, 경유, 휘발유 등의 유류나 플라스틱 제품, 그리고 우리가 세탁할 때 사용하는 세제가 이에 속한다. 이와 같은 유기 화학 물질은 쉽게 분해되지 않는 특성이 있으므로 오랫동안 토양이나 물을 오염시킨다. 수질오염 물질의 종류와 특징을 <표 7-2>에 정리하였다.

표 7-2 수질오염 물질의 종류와 특징

항 목	주요 특징
• 부유성 고형물(suspended solids)	• 슬러지퇴적 및 혐기성 상태 유발
• 생분해성 유기물 (biodegradable organics)	• 생분해 조장 → 수역의 용존산소 고갈
• 전염성 미생물 (pathogenic organisms)	• 수인성 전염병과 같은 질병 유발
• 영양염류(nutrients)	• 부영양화 (암모니아 – 수생생물에 직접 독성, 질산성 질소 – 청색증(blue baby))
• 독성 유기화학물질(toxic organics)	• 맛, 냄새 및 독성, 발암성
• 세제류	• 환경호르몬
• 중금속(heavy metal)	• 독성(수은–미나마타병, 카드뮴– 이타이병)
• 용해성 무기물 (dissolved inorganics)	• 처리수의 재사용 방해

7.2.2 수질오염원의 종류

수질오염이란 천연상태의 수질이 환경에 악영향을 미치는 방향으로 변화되는 것을 말한다. 지표수나 지하수의 오염원인은 크게 자연적인 것과 인위적인 것으로 분류할 수 있다. 자연적 원인으로는 물과 접촉하는 공기, 토양 또는 암석에서 용해된 오염물과 강우량의 불균형으로 인한 하천용량의 저하로 생기는 일시적 오염농도의 증가가 있을 수 있다. 이와 같이 자연으로부터 유입되는 오염물의 양은 적기 때문에 물의 자정작용에 의해서 시간이 어느 정도 경과하면 정화된다. 인위적 배출원은 그 성격에 따라 고정적 오염원(점 오염원)과 비고정적 오염원(비점 오염원)으로 구분할 수 있다.

7.2.2.1 점오염원

점 오염원(point source)은 공장, 발전소, 하수처리장 등과 같이 일정한 장소나 시설에서 배출되는 오염원을 말하며 오염물의 통제가 비교적 쉽다. 점오염원 중에서도 중요한 것으로는 생활하수, 산업폐수, 축산폐수가 있다. 생활하수가 발생량의 60%를 차지하고 다음이 공장폐수로 39%, 축산폐수가 1%의 순이다. 생활하수는 발생량이 많다는 점이 문제이지만, 공장폐수는 인체에 해로운 중금속, 유독 물질 등을 다량 함유하고 있다. 축산폐수는 생활하수와 비교하여 발생량은 적으나 오염물의 농도가 매우 높은 특성을 지닌다.

(1) 생활하수

생활하수는 인구가 집중되어 있는 도시에서 많이 발생한다. 도시에서 발생하는 생활하수는 주방의 음식찌꺼기 및 식기류 세척 및 세탁폐수 그리고 수세식 화장실의 희석분뇨 등이다. 생활하수의 발생량은 인구증가와 국민생활수준의 향상으로 증가하고 있다. 최근 각종 합성세제의 사용량이 증가하면서 하수의 수질도 악화되어가고 있다. 도시에서 발생하는 생활하수는 집중처리방식에 의해 처리되는데 세제류의 과다사용은 집중처리 작업에 지장을 주고 있다. 비누는 미생물에 의해 분해가 잘된다. 합성세제는 세척력은 뛰어나지만 미생물에 의해 분해가 잘 되지 않으며, 최근에는 환경호르몬 물질로도 주목을 받고 있다.

분뇨의 경우 재래식 화장실의 발생분뇨는 수거되어 분뇨처리시설에서 최종 처리하게 되며, 수세식 화장실이 설치된 주택이나 아파트에서 발생하는 분뇨는 정화조 또는 오수정화시설에서 1차 처리된 다음 하수관망을 통하여 하수종말처리장에서 최종 처리된다.

(2) 산업폐수

산업폐수의 오염도는 생활하수 보다는 훨씬 더 심각하다. 산업의 다양화, 대규모화 등으로 인하여 각종 중금속 물질, 고농도 유기성 물질, 난분해성 화학물질 등이 배출된다. 이들 오염물질은 대부분 하천이나 호수 등에서 자정작용에 의하여 정화되지 않는다. 도금, 피혁, 섬유, 제지, 화학공장 등에서 나오는 산업폐수는 중금속 등 유해 화학물질을 많이 함유하고 있기 때문에 이들 공장은 산업폐수 처리시설을 잘 갖추어야 하고 관리를 엄격하게 하여야 한다.

하천, 호수 및 바다 등이 중금속을 함유한 산업폐수로 오염되면 이들 오염지역에 사는 물고기들은 생물농축 현상으로 인하여 중금속이 체내에 축적된다. 인간이 이들 물고기를 섭취하면 중금속이 몸 속에 축적되어 환경성 질환이 발생하게 된다. 미나마타병은 수은이 농축된 어패류를 먹은 결과 발생되었으며, 이타이이타이병은 카드뮴 오염에 의해 발생되었다.

(3) 축산 폐수

축산폐수는 유기물질의 함량이 매우 높다. 소득수준의 향상으로 육류 소비량이 증가하면서 소, 돼지, 닭, 등 가축 사육두수가 증가하고 그 사육규모가 커지면서 가축분뇨와 그로 인한 폐수가 대량으로 발생하고 있다. 그러나 상당수의 축산농가에서는 발생하는 폐수를 적정하게 처리하는 데에 어려움을 겪고 있으며, 또한 이들 축산 시설물이 대부분 상수원 근처에 위치함으로써 문제는 더 심각해지고 있다.

정부에서는 1997년 3월 오수분뇨 및 축산폐수의 처리에 관한 법률을 개정하여 간이 축산폐수 정화조의 설치대상 지역을 상수원 보호구역 등 특정지역에서 전국으로 확대 실시하도록 하였다.

표 7-3 **〈표 7-3〉 점오염원과 비점오염원의 특성**

오염원 구분	종류	오염원 특성
점 오염원	생활하수	▸ 주거지역과 상업용 공공시설에서 배출되는 음식물, 세탁수, 화장실의 희석분뇨 등 ▸ 주성분 : 유기물질, 부유물질, 영양염류 등 ▸ 국내 하수처리의 문제점 : 관거정비 미흡과 처리장의 용량부족으로 인해 처리장으로 실제 유입·처리되는 양이 발생량의 60% 정도
	산업폐수	▸ 대부분 고농도 유기물 및 중금속 함유 → 환경질환 야기 ▸ 문제되는 주요 업종 : 피혁, 도금, 섬유화학공장 등

오염원 구분	종류	오염원 특성
점 오염원	축산폐수	▸ 유기물의 함량이 높아 처리가 어려우며, 미 처리 시 수질 악화 및 부영양화 초래 ▸ 최근 상수원 근처에 위치하여 더욱 심각
비점 오염원	농 약	▸ 만성적이 중독현상 초래
	비 료	▸ 부영양화 등 초래
	합성세제	▸ 분해속도가 느리고, 수중에 산소가 용해되는 것을 방해함 ▸ 거품 발생, 피부습진 등 유발, 환경호르몬

7.2.2.2 비점오염원

비점 오염원(non-point source)은 오염물질이 특정한 한 지점으로부터 배출되지 않고 여기저기 산재해 있는 넓은 지역에서 배출되는 경우로서 오염원의 확인이 어렵고 효율적인 처리가 힘든 특징이 있다. 경작지, 삼림, 도시와 도시 근교, 도로, 주차장, 세차장 등은 먼지, 침전물, 비료, 중금속, 기름, 쓰레기 등 다양한 오염물질을 배출되는 대표적인 비점오염원들이다. 대표적인 비점오염원의 하나로 도심지의 도로를 들 수 있다. 도심지 도로 등에 쌓인 먼지를 포함한 오염물은 강우시에 빗물에 씻겨서 하천에 유입하여 수질오염을 유발하게 된다. 비점오염원 가운데 두번째로 중요한 것은 경작지이다. 최근 들어 화학비료의 과다사용과 농약 사용의 증가로 인하여 주변 하천과 지하수의 오염이 심각해지고 있다.

표 7-4 비점오염원 분류

오 염 원	발 생 요 인
조림지	목재, 종이 생산을 위해 나무를 키우고 벌목. 다량의 침전물 생산
농경지	자연식생을 파괴하여 침식 증가. 살충제, 비료 사용으로 하천수나 지하수 오염
광산	광산 폐기물의 방출과 세탈로 지표수나 지하수가 금속이나 산으로 오염. 자연식생의 파괴로 침식 증가
도심지 유수	호우가 발생하면 도심지 도로의 지표면에 쌓인 고농도 비점오염물질이 하천으로 유입되어 수질오염을 초래함
주차장, 세차장	기름, 중금속 등이 빗물에 씻겨 하천수와 지하수를 오염

7.2.3 수질오염의 현상

(1) 부영영화

하천이나 호소에 유기물 또는 질소.인 등 영양염류가 적당히 존재하면 희석, 침전, 생물분해에 의해 자연 정화되지만, 과잉 공급되면 식물성 플랑크톤이나 조류의 이상 번식을 촉진하여 물색깔의 변화와 투명도 저하를 초래한다. 조류의 사멸에 의한 잔해는 하부에 침적하여 부패되거나 또는 유하하여 댐의 배후나 하구부근에 침전하여 하천의 수질을 악화시킨다. 이러한 현상을 부영양화(eutrophication)라고 한다.

(2) 용존산소(DO)의 고갈

유기물의 대부분은 하수 중에 있는 미생물에 의하여 분해되고 그때 생물 화학적 작용에 의하여 용존 산소가 소비된다. 유기오염물이 적고 하천의 산소 용존도가 클 때는 이러한 유기물질은 호기성 세균에 의하여 분해된 다음 냄새가 나지 않는 최종물질로 전환되는 자정작용이 일어난다. 유기 오염물이 다량 유입할 경우, 유기물에 의하여 용존 산소는 전량 소비되고 나머지 유기물은 혐기성 세균에 의하여 분해된다. 혐기성 분해 중에 방출되는 아민, 황화물, 메탄 등은 악취의 원인이 된다.

(3) 생물농축과 먹이사슬

수질 오염에 의하여, 어패류나 식물 등이 직접 피해를 입기도 하지만, 사람이 오염된 어패류나, 기타 식물을 섭취하여 간접적으로 피해를 받는 경우가 있다. 유독물에 의한 급성피해는 조기에 발견하여 대처할 수가 있으나, 유독 성분이 조금씩 축적되어 생기는 만성피해는 발견이 어렵고 장기간에 걸쳐 진행되기 때문에 건강에 큰 영향을 미칠 수 있다. 수은에 의한 미나마타병, 카드뮴에 의한 이따이이따이 병은 그 대표적 예이며, 최근에는 농약에 의한 피해가 증가하고 있다.

유독 물질의 수중농도는 일반적으로 매우 낮은 양으로 존재한다. 섭취량이 미량인 경우는 체내 평형농도가 낮은 수준으로 유지되어 오랜 세월이 계속되어도 피해가 적게 발생한다. 섭취량이 높을 때는, 평형농도가 높아져서 장기간 계속하면 생물학적 농축이 일어나 중요 장기 조직의 세포에 장해를 주게 된다.

7.2.4 대표적인 수질오염 사례

7.2.4.1 미나마타병

공장폐수로 인한 대표적인 수질오염 사례로서 미나마타병이 있다. 신일본 질소공장이 수은화합물이 포함된 폐수를 배출하고 그것이 미나마타만 내의 어패류를 오염시켜 메틸수은이 농축된 어패류를 지역주민이 장기간에 걸쳐 섭취함에 따라 발생한 질환이다. 일본정부는 미나마타병이 수은폐수와 관련이 있는 공해병임을 1968년에 공식적으로 인정하였다. 1982년 3월 말까지 인정받은 환자는1,049명, 사망자는 437명이고 신청중인 사람은 4,697명이다. 수은 중독 증상은 손의 지각 이상, 언어장애, 정신장애, 보행곤란, 중심성 시야 협착 등이 있다.

7.2.4.2 이따이 이따이병

카드뮴에 의한 수질오염 사례로는 이따이 이따이병이 대표적이다. 카드뮴 도금 및 합금 제조공장과 아연제련 공장 등에서 배출되는 카드뮴은 하류지역의 농작물 특히 쌀에 흡수되어 사람이 섭취할 경우 카드뮴의 만성축적 중독을 일으킨다. 1953년 일본 도야마현 신통천(神通川) 하류 지역에서 발생한 공해병으로 전신에 심한 통증과 여러 곳의 골절을 수반하여 병상이 심하게 되면 환자는 얼굴에 경련을 일으키며 사망한다. 일본 후생성은 1968년 5월 8일 공해병으로 처음 인정하였다. 그 원인은 제련공장에서 배출되는 카드뮴에 의한 것으로 밝혀졌다.

이따이 이따이병은 40세 이상의 농촌 여성에게 많이 나타난 질환으로서 심한 요통이 주요 증상이며 수은중독과 비슷한 보행곤란 등이 있고 골연화증을 나타낸다. 간과 신장에 많이 축적되는데 증상은 허리.어깨.무릎 등의 통증, 대퇴부 등이 신경통과 같은 통증을 호소하며 보행이 곤란하고 뼈에 금이 가서 심한 통증을 일으킨다. 이 통증은 수년 내지 10년 사이에 점차 온몸에 확대되어 보행이 곤란해지고 작은 충격에도 뼈가 뿌러진다. 1982년 3월 말까지 인정된 환자수는 107명이며 그중 70명은 사망했다.

7.2.4.3 낙동강 페놀오염 사건

낙동강 페놀 오염 사건은 구미 공업단지 안의 두산전자에서 1991년 3월 14일과 4월 22일 두 차례에 걸쳐 150여 톤과 3톤의 페놀이 두 번에 걸쳐 낙동강으로 유출된 사건이다. 페놀은 대구 지역의 상수원으로 사용되는 취수장으로 유입되었으며, 염소를 이용한 정수처리 과정에서 클로로페놀로 변하면서 악취를 유발하였다.

1차 유출은 1991년 3월 14일에 발생하였다. 30톤의 누출로 말미암아, 수돗물의 페놀 수치가 0.11mg/L까지 올라간 지역도 있었는데, 이는 세계보건기구의 허용치의 110배에 달하는 수치였다. 2차 유출은 4월 22일 오후에 발생하였다. 이후, 낙동강 계열 정수장에서는 염소 소독을 중단하고 활성탄, 오존, 차아염소산나트륨으로 물을 처리하고 있다.

7.3 수원별 수질오염

7.3.1 하천 오염

하천수의 오염은 그 자체로서 물고기 폐사와 같은 수중 생태계의 파괴를 야기시킬 수 있다. 그러나 하천은 유입된 오염물을 단기간 내에 하류로 흘려보낼 수 있으며 오염물이 지속적으로 유입되지 않는 한 하천수는 자연의 자정능력(희석, 확산, 재폭기)에 의해 정화될 수 있다. 오염된 하천이 원상태로 회복되는데 필요한 기간은 하천의 크기, 유속 그리고 유입된 오염물의 양에 따라 각기 다르다.

우리나라 하천수의 대부분은 태백산맥을 중심으로 하여 동에서 서로 또는 북에서 남으로 흐르고 있다. 따라서 동해안은 서해안이나 남해안보다 오염된 하천의 영향을 상대적으로 적게 받고 깊은 수심을 가지고 있어 빈영양 특성을 가지고 있다. 또한 하천의 경사가 급해 빠른 유속으로 인한 DO 공급능력이 높으며, 하천의 길이가 짧아 오염물이 유입될 경우에 충분한 자정작용을 거치지 못하고 바다로 유입된다. 이 밖에도 홍수기와 갈수기에 하천의 유량 변동이 크고, 수질변화의 폭도 심한 편이다.

하천의 수질이 악화되는 원인은 가정하수, 공장폐수, 축산폐수 등이 완전히 처리되지 않고 배출되어 하천의 물과 섞일 때 일어난다. 물은 수질에 따라 용도가 상이한데 환경기준에 따른 하천수의 용도별 수질은 5등급으로 분류되며 <표 7-5>에 정리하였다. 사람의 건강보호를 위한 내용은 Cd, As, CN, Hg, Pb, Cr6+, Org-P, ABS 및 PCB 등 9개 항목에 대하여 설정하였다.

표 7-5 이용목적에 따른 하천수의 수질등급 및 사람의 건강보호 기준

등 급	이용목적별 적용 대상	기 준				
		pH	BOD (mg/L)	DO (mg/L)	SS (mg/L)	대장균수 (MPN/100mℓ)
Ⅰ	상수원수 1급 자연환경보전	6.5~8.5	1 이하	7.5 이상	25 이하	50 이하
Ⅱ	상수원수 2급 수산용수 1급 수 영 용 수	6.5~8.5	3 이하	5.0 이상	25 이하	1,000 이하
Ⅲ	상수원수 3급 수산용수 2급 공업용수 1급	6.5~8.5	6 이하	5.0 이상	25 이하	5,000 이하
Ⅳ	공업용수 2급 농 업 용 수	6.0~8.5	8 이하	2.0 이상	100 이하	–
Ⅴ	공업용수 3급 생활환경보전	6.0~8.5	10 이하	2.0 이상	부유 쓰레기 없을 것	–
전수역	사람의 건강보호	Cd: 0.01 이하 As: 0.05 이하 Pb: 0.10 이하 ABS: 0.50 이하 Cr^{+6}: 0.05 이하		CN: 검출되어서는 안됨 Hg: 검출되어서는 안됨 Org-P: 검출되어서는 안됨 PCB: 검출되어서는 안됨		

7.3.2 호소 오염

호소는 호수와 연못(소)를 함께 일컫는 말이며, 호는 수심이 5m 이상이고 중앙까지 연안식물이 침입하지 않는 비교적 큰 규모의 것을 말하며, 소는 흔히 연못이라 부르는 적은 규모를 말한다. 호수의 물은 하천과 달리 수평유속이 매우 낮아 거의 정체된

수역 공간이다. 따라서 호수는 하천수와는 다른 수질특성을 보인다.

성층현상(成層現象, stratification)이란 여름, 겨울철은 수심에 따른 온도변화로 인해 발생하는 물의 밀도차로 호소에서 여러 개의 층이 분리되는 현상을 말한다. 수온이 따뜻한 상부 지역을 표수층이라고 부르며, 찬물이 있는 깊은 곳을 심수층이라고 한다. 두 지역의 중간지역을 수온약층 또는 변수층이라고 부른다.

호소는 연간 두 번 표수층과 심수층의 물이 교환되는 순환이 일어난다. 가을에 기온이 낮아지면서 표면수의 온도가 4℃가 되면 하층의 따뜻한 물보다 무거워져 아래로 가라앉아 물의 순환이 일어난다. 호숫물의 수직운동(혼합)을 전도현상(turnover)이라고 부르고 있으며, 이것은 봄과 가을에 수심에 따른 온도의 변화 때문에 수직적 평형 상태가 깨어져 생긴다.

일반적으로 하천수의 자정작용이 수평방향으로 이루어지는데 반하여 호수는 수직방향으로 이루어진다. 전도현상의 결과, 호수의 바닥에 가라앉아 있던 부패성 오염물이 물의 수직운동으로 표면층으로 부상하게 되면 호숫물의 탁도가 증가하며 물맛이 변하거나 악취가 발생할 수 있다. 또한 오염이 심한 하부층에 놓여 있던 물이 용존산소가 다량 포함된 상부층의 물과 수직혼합을 하면서 상부층 물의 용존산소량이 감소하게 된다.

부영양화(eutrophication)란 강·바다·호수 등의 수중생태계의 질소와 인 같은 영양물질이 증가하여 조류가 급속히 증식하는 현상을 말한다. 부영양화라는 용어는 '영양분이 풍부하게 공급되었다'는 뜻의 eutrophication이라는 그리스어에서 유래되었다. 부영양화된 호소에서는 조류가 급속히 증식하여 녹색을 띄게 되며, 바다에서 조류의 급격한 증식으로 인하여 해수의 색이 붉게 변화하는 적조현상이 발생하게 된다. 수중의 질소 농도가 0.2~0.3㎎/ℓ 이상, 인 농도가 0.01~0.02㎎/ℓ 이상이면 부영영화 상태라고 판정한다.

7.3.3 지하수 오염

세계상수원의 90%는 지하수이나 우리나라는 대수층이 발달되어 있지 않아서 전체 용수공급량의 6%만이 지하수로 충당하고 있다. 지하수의 오염은 가정하수, 공장폐수, 폐기물 매립장의 침출수, 농경지 등에서 흘러나온 지표수가 땅속으로 스며들어 일어나게 되는데 가장 중요한 오염원은 폐기물 매립장과 농경지이다.

지하수 오염 특성을 간단히 정리하면, 첫째, 암석층에 축적된 오염된 물은 산소와 미생물 등이 부족하여, 오염물질의 효과적인 정화를 기대하기 어렵다. 둘째, 지하수는 유속이 매우 느려 오염물질의 확산이 어렵고, 화학적인 정화작용도 약하다. 셋째, 오염물질의 특성과 오염정도를 파악하기 어렵고, 오염물질의 이송경로를 추적하기가 어렵다. 넷째, 일단 오염되면 정화하기 어렵고, 정화된다 하더라도 오랜 기간과 막대한 비용이 소요된다. 이러한 특성 때문에 지하수를 오염되지 않도록 하기 위해서는 지하수가 각종 오염원에 노출되는 것을 사전에 막아야 한다.

7.3.4 해양 오염

해양을 오염시키는 물질은 새로운 화학물질들의 합성으로 매우 다양하나 오염원은 육지에서 비롯되는 것, 해양활동에 의한 것, 대기권을 통해 유입되는 것 등 크게 세 가지로 구분할 수 있다.

첫째, 육지로부터의 해양오염-임해공단의 산업폐기물과 유독성 폐수, 연안도시의 생활하수, 분뇨 및 일반폐기물, 도시나 공단의 하수 및 산업폐수, 영농 활동에 의한 농약, 비료 등이 있다. 특히 최근에는 원자력 발전소로부터 배출되는 방사성 물질이나 폐열 냉각수 등에 의한 해양오염이 세계적으로 문제가 되고 있다.

둘째, 해상활동에 의한 해양오염물질-선박의 화물탱크 세척수, 선원들의 선상 생활폐기물과 분뇨, 선박의 해난사고로 유출된 유류 및 유해 액체물질 등이 있다.

셋째, 대기를 통한 해양오염원으로는 각종 항공기의 연소 폐가스, 산성비, 핵폭발 등에 의한 방사성 강하물질이 있다. 한 해역의 오염은 다른 해역에까지 확산되어 궁극적으로 지구 전체의 환경에도 변화를 가져오기 때문에 지역간, 국제간 공동협력을 강화할 필요가 있다.

7.4 상수도 수질 관리

7.4.1 수질기준 및 관리

우리가 마시는 물은 일반적으로 수돗물, 먹는 샘물(생수), 약수터, 우물, 지하수 등이 있다. 먹는 물 관리법에서는 먹는 물을 '자연 상태의 물과 자연 상태의 물을 먹는데 적합하게 처리한 수돗물, 먹는 샘물, 먹는 물 공동시설의 물 등을 말한다'로 정의하고 있다.

우리나라의 수질기준은 수돗물 등에 적용되는 수질기준과, 먹는 샘물(생수)에 적용되는 수질 기준이 별도로 설정되어 있다. 이렇게 대상에 따라 수질기준이 다른 이유는 먹는 샘물(생수)의 경우는 원칙적으로 소독을 허용하지 않고 있음에 따라 미생물에 관련된 항목에 대한 검사를 강화하고 있고, 대신 소독부산물에 대한 항목(클로로포름)이 포함되어 있지 않는 데 기인한다. 2012년 현재 수돗물의 수질기준 항목은 58개 항목으로 되어 있으며, 점차적으로 확대하여 2020년경 85개까지 확대할 계획으로 있다.

7.4.2 상수도 수질 기준

먹는 물 수질기준은 검출가능성이 높은 유해물질에 대하여 사람이 일생동안 섭취하여도 유해하지 않은 수준에서 규제대상 물질의 종류나 허용 한도를 법으로 설정하여 관리한다. 우리나라에서는 1963년 최초로 수도법에 근거하여 29개 항목의 수질기준을 설정하였으며, 2012년 현재 58개 항목의 수질기준을 마련하여 관리하고 있다(<표 7-6> 참조).

수질기준 항목은 미생물, 유해 무기물질, 유해 유기물질 및 심미적 영향물질의 4개 그룹으로 구성되어 있다. 미생물 항목은 일반세균과 대장균군 등 2개 항목이 있고, 유해 무기물질은 중금속과 질소 등의 항목이며, 유해 유기물질은 벤젠 등 합성유기물질를 말한다. 심미적 물질은 건강상의 유해성은 적거나 없으나 섭취시 불쾌감을 유발할 수 있는 물질을 말한다.

표 7-6 먹는물 수질기준 항목(2012년 기준)

구 분 (항 목)		물 질 명	상 수 도 수질기준
미 생 물 (4)		일반세균	100cfu/mℓ
		총대장균군	미검출/50mℓ
		대장균	미검출/100mℓ
		분원성 대장균	미검출/100mℓ
건 강 상 유해영향 무기물질 (11)		불소(F)	1.5mg/ℓ
		납(Pb)	0.05mg/ℓ
		비소(As)	0.05mg/ℓ
		세레늄(Se)	0.01mg/ℓ
		수은(Hg)	0.001mg/ℓ
		시안(CN)	0.01mg/ℓ
		6가크롬(Cr^{+6})	0.05mg/ℓ
		암모니아성 질소(NH_3-N)	0.5mg/ℓ
		질산성질소(NO_3-N)	10mg/ℓ
건강상유해영향유기물질 (26)	휘발성 유기 화학물질	카드뮴(Cd)	0.01mg/ℓ
		보론	0.3mg/ℓ
		1.1.1-트리클로로에탄	0.1mg/ℓ
		테트라클로로에틸렌(PCE)	0.01mg/ℓ
		트리클로로에틸렌(TCE)	0.03mg/ℓ
		디클로로메탄	0.02mg/ℓ
		벤젠(Benzene)	0.01mg/ℓ
		톨루엔(Toluene)	0.7mg/ℓ
	농약	에틸벤젠(Ethylbenzene)	0.3mg/ℓ
		크실렌(Xylene)	0.5mg/ℓ
		1.1디클로로에틸렌	0.03mg/ℓ
		사염화탄소	0.002mg/ℓ
	기타	다이아지논(Diazinon)	0.02mg/ℓ
		파라티온(Parathion)	0.06mg/ℓ
		말라티온(Malathion)	0.25mg/ℓ
		페니트로티온(Fenitrothion)	0.04mg/ℓ
		카바릴(Carbaryl)	0.07mg/ℓ
		페놀(Phenol)	0.005mg/ℓ
		총트리할로메탄(THMs)	0.1mg/ℓ
		클로로포름	0.08mℓ/ℓ
		다이옥산	0.06mℓ/ℓ

구 분 (항 목)	물 질 명	상 수 도 수질기준
심 미 적 영향물질 (16)	동(Cu)	1mg/ℓ
	철(Fe)	0.3mg/ℓ
	망간(Mn)	0.3mg/ℓ
	아연(Zn)	1mg/ℓ
	알루미늄(Al)	0.2mg/ℓ
	황산이온(SO_4^{-2})	200mg/ℓ
	과망간산칼륨소비량($KMnO_4$ Consumed)	10mg/ℓ
	냄새(Odor, 소독외의 냄새)	미검출
	맛(Taste, 소독외의 맛)	미검출
	탁도(Turbidity)	0.5NTU
	색도(Color)	5도
	경도(Hardness)	300mg/ℓ
	세제(ABS, 음이온계면활성제)	0.5mg/ℓ
	수소이온농도(pH)	5.8~8.5
	염소이온(Cl^-)	250mg/ℓ
	증발잔류물(RE)	500mg/ℓ

우리나라의 먹는 물 수질기준 설정 현황을 외국과 비교하면 다음과 같다.

표 7-7 수질기준 항목수 비교

한 국	WHO	미 국	영 국	프랑스	독 일	일 본
58	111	83	58	58	50	46

수질기준은 원칙적으로 사람이 하루 2리터의 물을 평생(70년)동안 마셨을 경우 암에 걸릴 확률이 100만분의 1이 되는 농도를 기준으로 설정하고 있다. 먹는 물 수질기준은 평생 동안 마셔도 건강에 영향을 주지 않을 정도의 유해물질 함량을 설정한 것이므로 먹는 물 수질기준에 적합한 물은 안심하고 먹을 수 있으며, 먹는 물 수질기준을 초과하였다 하더라도 단기간 내에 건강상 영향을 미치는 것은 아니다. 먹는 물 수질 기준을 초과할 경우 정부는 수도사업자로 하여금 정수처리 등에 시정 조치를 취하거나 다른 물을 공급하도록 행정명령을 내리게 된다.

7.5 상수도 정수처리

상수도(water system)란 음용수를 처리하고 공급하는 시설의 총칭이다. 즉, 상수도 관거 이외에 댐, 정수장, 연못 등 모든 구조물, 공작물, 부속시설을 총망라한 것을 수도라 칭한다.

수도의 효과는 다음과 같다.

1) 양질의 음용수 및 생활 용수를 공급
2) 도시에서의 소화용수 확보
3) 공공용수 및 산업용수의 확보

7.5.1 수도의 구성

일반적으로 상수도의 체계는 취수 → 도수 → 정수 → 송수 → 배수 → 급수로 구성되어 진다.

(1) 취수 (water acquisition)

취수란 오염이 되지 않은 깨끗한 물을 필요한 양만큼 확보하는 것을 말하며, 그 취수하는 근원을 수원이라고 한다. 하천수나 호소수, 또는 지하수에 따라서 적절한 취수 방법을 결정한다.

(2) 저수 (water storage)

갈수기나 가뭄 발생시 하천이나 호소에서 필요 수량을 확보할 수 없는 경우에는 댐을 축조해서 필요 수량을 확보하여야 한다.

(3) 도수 (water conduit)

취수지점에서 정수장까지 물을 이동하는 것이다. 이 물은 원수 (raw water)라 한다. 정수장이 취수시설에 인접해 있는 경우에는 도수 부분은 없어도 된다.

(4) 정수 (water purification)

원수를 적절히 처리하여 음용에 적합한 물로 정화하는 것이다. 정수처리된 물은 정수(Clear water)라고 한다.

(5) 송수 (water transmission)

정수장에서 수용자에게 정화된 물을 보내는 것이다. 일반적으로 물은 배수지에 일단 저장되므로 송수는 저수장에서 배수지까지를 가리킨다.

(6) 배수 (water distribution)

적정한 수압으로 물을 수요자에게 분배하는 것을 말하며, 배수지에서 배수관까지를 가리킨다.

(7) 급수 (water supply)

배수관까지 분기해서 각 수요자에게 물을 공급하는 것이다.

7.5.2 정수 처리

정수처리란 강, 호수, 댐 및 지하수 등의 수원에서 취수한 원수가 물의 용도(상수도용, 공업용 등)에 따른 수질기준에 적합하지 않을 때, 그 기준에 맞도록 원수 중의 불순물을 제거 또는 무해화 하는 과정이다. 일반적인 정수장에서의 수도물 생산 과정은 <그림 7-1>과 같이 취수, 약품투입, 응집, 침전, 모래여과, 염소 소독으로 구성되어진다. 원수수질이 비교적 양호할 경우 응집 → 침전 → 여과 → 염소소독의 단계를 거치는 급속여과 처리방식이 전체 정수시설 용량의 93.1%를 차지하고 있다.

(1) 응집(coagulation): 정수처리장으로 유입되는 원수는 일반적으로 미세한 진흙이나 콜로이드 물질과 같은 부유물질 때문에 물이 탁하게 되며, 이러한 부유물질을 제거하는 것을 응집공정이라고 하고, 이때 화학약품인 응집제(PAC, 폴리염화알루미늄)을 사용한다.

(2) 침전지(sedimentation): 침전은 부유물 중에서 중력에 의해 제거될 수 있는 침전성 고형물을 제거(고액 분리)하는 것이다.

(3) 여과(filtration): 침전지의 상등수(윗물)에는 침전되지 않은 미세한 입자가 존재하므로 이를 제거하기 위하여 여과 처리를 시행한다. 일반적으로 사용되는 여과 방법은 모래층과 배출구로 구성된 것으로서 침전지 상등수가 모래를 통하여 아래의 배출구로 빠져나가는 동안 물속의 부유물질이 모래에 의해 제거된다.

(4) 살균(disinfection) : 여과처리 된 물은 보통 염소소독을 하여 병원성 미생물을 살균 제거하여 정수조로 보내진다. 살균은 병원성의 미생물을 죽이거나 무해한 것으로 만드는 것을 말한다.

수 원 지 → 침 사 지 → 약품투입실 → 혼 화 지

응 집 → 침 전 → 모래 여과 → 정 수 지

염소 소독 → 송수펌프실 → 배 수 지 → 가정급수

그림 7-1 **전통적 정수처리공정의 구성과 기능**

고도정수처리란 통상의 정수처리공정인 응집/침전 → 여과 → 소독으로 구성된 기존 정수방법으로는 완전히 제거되지 않는 맛.냄새 유발물질, 미량유기오염물질 등을 제거하기 위하여 생물처리, 오존처리, 활성탄 처리, 막여과 등의 공정을 단위 또는 조합하여 기존 정수공정에 추가로 적용하는 공법을 말한다. 처리공정은 일반적으로 원수 → 응집.침전 → 급속여과 → 오존 → 활성탄(activated carbon) → 소독 순으로 구성된다.

7.6 하수처리 기술

하수 중의 유기물은 탄수화물, 지질, 단백질 등이며 이들 물질은 각 분해단계에서 미생물의 세포합성과 세포합성에 필요한 에너지를 얻기 위하여 사용된다. 이러한 과정에 의해 미생물이 유기물을 제거하는 것을 생물학적 처리라 한다. 생물학적 처리의 목적은 미생물을 이용하여 비침강성 콜로이드성 고형물을 응집 제거하고 유기물을 안정화시키는 데 있다. 도시 하수의 경우, 주요 목적은 BOD로 표현되는 유기물 함량을 감소시키는 것이며, 아울러 질소와 인 같은 영양염류를 제거하는 데에 있다.

미생물이 분자상태의 산소(O_2)를 전자 수용체로 사용하는 반응을 호기성(aerobic 또는 oxic)이라 한다. 호기성이라 하면 "공기를 좋아하는"이란 뜻이며, 미생물은 물속에 녹아 있는 산소 즉, 용존산소(dissolved oxygen)를 섭취한다. 분자상태의 산소가 아닌 화학결합 산소(NO_3^-, SO_4^{2-} 등)를 이용하는 경우는 무산소(anoxic) 반응이라 한다. 그리고 분자상태의 산소나 화학결합 상태의 산소가 존재하지 않는 환경에서의 반응을 혐기성(anaerobic)이라 한다. 혐기성이라 함은 "공기를 싫어하는"이란 뜻인데 여기서 공기는 용존산소를 뜻한다.

7.6.1 활성 슬러지법(activated sludge process)

슬러지는 일반적으로 하천이나 시궁창의 찌꺼기 등과 같은 오염이 심한 환경에서 서식하는 미생물 덩어리(일본식 표현에 의하면 汚泥-드러운 진흙 덩어리)를 말한다. 충분한 산소의 공급하에서 원기왕성하게 증식하는 호기성 미생물의 덩어리(floc)을 활성슬러지(activated sludge)라고 한다.

활성슬러지 공정은 1914년 영국의 Arden과 Lockett에 의해 개발되었는데, 호기성 생물의 대사작용을 활용하여 6-8시간 동안에 하수중의 부패성 용존유기물(BOD) 성분을 제거한다. 하수의 2차 처리를 위해서 폭기조, 최종 침전지, 슬러지 반송설비 등으로 구성되어 있다. 전세계적으로 도시 하수처리에 가장 일반적으로 쓰이는 공정이고, 기존 국내 하수처리장의 90% 이상이 활성슬러지 공정으로 이루어져 있다.

<그림 7-2>는 완전혼합 활성슬러지 공정의 계통도를 보여주고 있다. 박테리아에 의해 제거된 유기물의 절반 정도는 미생물의 새로운 세포로 증식된 후 최종침전지에서 바닥으로 가라앉고, 침전지 상부의 맑은 처리수는 하천으로 방류되는데, 10시간 이내에 90% 이상의 유기물이 제거된다. 활성슬러지 처리법의 장점과 단점은 다음과 같다.

장점

- 짧은 처리시간(10시간 정도)에 고효율(90%이상)의 처리가 가능하기 때문에 설치면적이 적게 든다
- 처리수의 수질이 우수하다
- 악취나 파리발생이 거의 없고 2차 공해의 우려가 없다
- BOD, SS의 제거효율이 높다
- 처리장치의 구조가 비교적 간단하다.

단점

- 폭기조에 다량의 공기를 공급해야하기 때문에 동력비가 많이 든다
- 질소와 인의 제거가 거의 이루어지지 않는다.
- 슬러지의 팽화현상(bulking)이 일어나기 쉽다
- 슬러지의 생성량이 많기 때문에 슬러지 처리비용이 많이 든다.

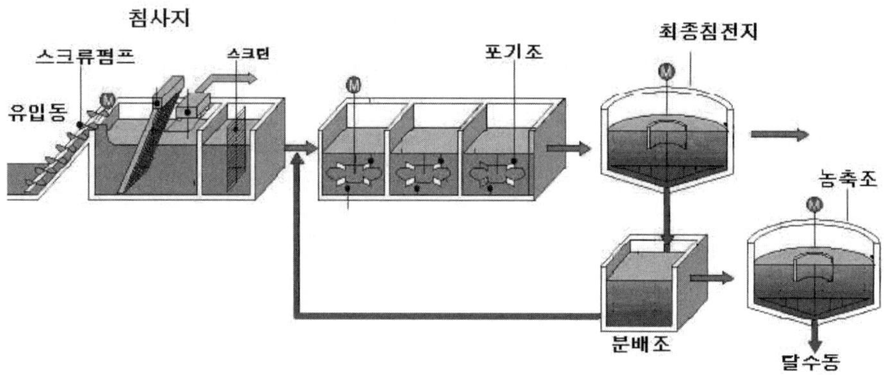

그림 7-2 **활성슬러지 처리법의 공정도**

7.6.2 하수의 고도처리

하수의 고도처리(3차처리)는 3차 처리 후에도 폐수 중에 남아 있는 부유물, 용해성 유기물, 무기염류, 중금속, 영양염류(질소, 인) 등을 제거하고자 하는 공정이며, 극히 부영양화에 관련된 주요 영양물질인 질소화합물과 인화합물 제거를 목적으로 한다.

질소를 생물학적으로 제거하기 위해서는 질산화와 탈질화의 두단계의 과정이 필요하다. 생물학적 질산화는 암모니아 성분을 아질산으로의 변환시키는 과정이며 두단계로 구성되어 있다. 먼저 Nitrosomonas는 암모니아를 중간 생성물인 아질산(nitrite)으로 산화시킨다. 아질산은 Nitrobacter에 의하여 질산염(nitrate)으로 변환된다.

생물학적 탈질화(de-nitrification)는 질소제거를 위한 질산화-탈질화 공정의 두 번째 과정이다. 질산염을 질소가스로 변화시켜 질소를 제거하는 것은 생물학적으로 준혐기성 또는 무산소(anoxic) 상태하에서 일어난다.

생물학적으로 인을 제거하기 위해서는 혐기조와 호기조의 두 개의 반응조가 필요하다. 혐기조에서는 미생물은 에너지를 얻기위하여 인을 방출시킨다. 호기조에서는 에너지의 저장을 위하여 과량의 인을 체내에 섭취하게 된다. (인의 처리를 위하여) 과량의 인을 포함한 슬러지는 침전지에서 폐기시킨다.

7.6.3 A_2O process

A_2O process는 혐기성조(anaerobic tank)와 무산소조(anoxic tank), 그리고 호기성조(oxic tank)를 배치하여 생물학적으로 질소와 인을 동시에 제거하는 공정이다. 각각의 반응조에서 일어나는 생물학적 처리과정을 간단히 정리하면 다음과 같다.

1) 혐기성조에서는 인의 방출 및 유기물의 제거가 일어난다. 미생물이 혐기성조건에서 용존 유기물을 섭취하면서 세포내에 축적된 인을 수중으로 방출하여 에너지를 발생시킨다.
2) 무산소조에서는 탈질 및 유기물의 제거가 일어난다. 후단에 위치한 호기성조에서 내부반송으로 질산성질소가 유입되면, 탈질미생물이 질산성 질소를 소비하여 질소가스 형태로 대기중으로 방출하게 된다.
3) 호기성조에서는 유기물의 제거, 질산화 및 인의 제거(과잉섭취)가 일어난다. 미처리된 잔류 유기물을 최종적으로 처리하고, 암모니아성 질소를 질산성 질소로 산화시킨다. 혐기성조에서 방출된 인을 인제거 관련 미생물이 과잉섭취하여 세포내에 저장하게 된다. 과량의 인을 포함한 슬러지는 침전지에서 폐기시켜 인을 최종적으로 제거한다.

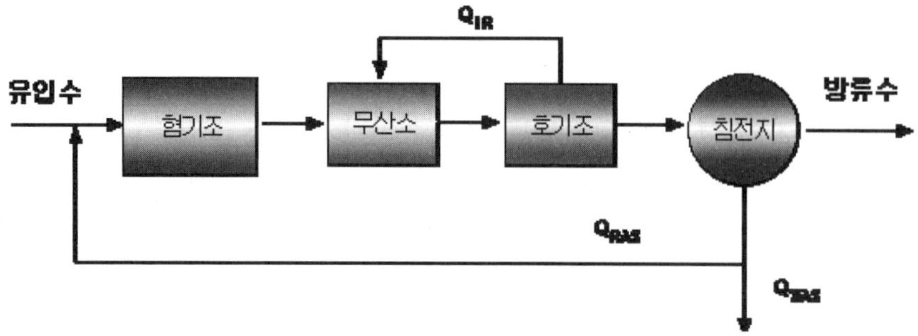

그림 7-3 혐기-무산소-호기법(A_2O)에 의한 질소 및 인의 제거 공정도

7.7 기타 폐수 처리

7.7.1 분뇨처리

분뇨는 그 자체가 오염부하량이 높고, 병원성 생물을 다량 함유하고 있으며, 악취를 발생하기 때문에 적절한 방법으로 처리하지 않을 경우, 생활환경을 저해한다. 또한 하천을 오염시킬 뿐만 아니라 상수원 인접지역에서는 상수원으로 유입되어 수질오염의 직접요인이 되기도 한다. 따라서 분뇨는 발생에서부터 최종처리까지 완벽하게 관리되어야 한다.

수세식 화장실이 설치된 가정에서는 정화조 또는 오수정화시설에 의해 1차 처리되고, 1차 처리된 오수는 하수관망을 통해 하수처리장에서 최종 처리된다. 또한 수세식 화장실이 설치되지 않는 가정에서 발생되는 분뇨는 수집한 다음에 분뇨처리장에서 처리된다. 분뇨종말처리시설로는 투입저류시설로 된 전처리시설, 1단계 처리시설, 2단계 처리시설과 소독시설로 구성된다. 투입저류시설은 운영시 냄새가 심하여 발생되므로 탈취시설이 필요하다. 1단계 및 2단계 처리에서는 슬러지가 배출되므로 이를 처리할 수 있는 시설이 필요하다.

1단계 처리방법에는 혐기성소화, 호기성소화, 습식산화방법 등이 있다. 혐기성소화 및 호기성소화 방법은 미생물을 이용한 생물학적 처리방법인 반면, 습식산화는 고온, 고압상태의 수중에서 분뇨를 산화처리하는 방법이다. 2단계는 1단계 처리 후 발생되는 처리수를 희석한 다음 활성슬러지 공법으로 처리한다.

7.7.2 산업폐수처리

산업이 발달되고 업종이 세분화되면서 각 산업체에서 발생되는 폐수의 성상은 매우 다양하므로, 각 산업별 폐수의 특성에 맞는 처리방법이 요구된다. 각 산업별 폐수특성을 살펴보면, 식품산업의 경우 주로 부유성, 콜로이드성, 용해성 유기물로 이루어져 있어 생물학적 처리가 쉽다. 반면, 섬유, 피혁, 제지 산업에서는 주로 생분해성 유기물로 구성된 폐수가 발생한다. 염색공정에서는 염료나 피혁 가공공정에서 발생되는 중금속 등을 처리하기 위하여, 화학적 처리공정이 추가로 요구된다. 금속 제련, 화학공장 등에서 발생하는 폐수는 난분해성 및 독성 물질이 배출되므로 주로 화학적 처리 공정이 요구된다.

산업폐수의 특성상 처리공정이 복잡하고 처리비용이 과다하므로 되도록 발생원에서 감량화하고, 농도와 독성을 줄이도록 하며, 강산이나 강염기 폐수가 따로 발생할 경우에는 이를 혼합하여 중화 처리하는 방법 등이 있다.

7.7.3 축산폐수처리

경제성장과 더불어 축산물의 수요가 증가함에 따라 가축의 수가 계속 증가하였으며, 이에 따라 축산폐수의 발생량도 증가하고 있다. 특히 축산폐수는 발생량에 비해 수질오염 부하량이 매우 크기 때문에 처리가 안 된 축산폐수가 하천으로 유입될 경우 하천의 수질악화 및 호소의 부영양화를 가져오며, 상수원과 농업용수를 오염시키고 악취를 발생시켜 생활환경을 해치게 된다. 그러나 대부분의 축산농가가 영세하기 때문에 폐수처리시설의 투자에 어려움이 많아 축산폐수에 대한 적절한 처리방안을 강구하지 못하고 있는 실정이다.

정부에서는 축산폐수의 적정관리를 위해 1981년부터 환경보전법에 대규모 축산시설에 대해서는 축산폐수 정화시설을 설치하도록 의무화 하였으며, 1987년에는 폐기물관리법을 제정하여 중소규모의 축산시설에도 축산폐수 정화시설을 설치하도록 하였다. 규제대상인 축산시설에서 배출되는 폐수는 대부분 각 축산농가에 설치된 개별처리시설에서 처리되고 있으나, 소규모의 축산농가에서 배출되는 폐수는 대부분 적절한 처리 없이 인근하천으로 방류되어 수질오염의 원인이 되고 있다. 따라서 영세 축산 농가들로 하여금 축산폐수를 공동으로 처리할 수 있도록 재정과 기술의 뒷받침이 시급한 실정이다.

제8장 화학물질 오염

8.1 화학물질의 오염 사고

8.1.1 화학물질의 생산과 관리

새로운 화학물질을 개발하고, 그 용도를 다양화함으로써 인류는 풍요롭고 편리한 물질문명을 누리게 되었다. 의약품의 개발은 수천 년 동안 인류를 괴롭혀 온 수많은 질병을 정복하여, 1900년 47세에 불과하던 평균수명이 2000년대에는 75세로 늘어나게 되었다. 농약·화학비료의 개발은 병충해로부터 작물을 보호하고 성장을 촉진시켜 인류를 기근으로부터 해방시키는데 공헌하였다. 플라스틱 등 소재혁명으로 다양한 형태와 기능을 갖는 생활 제품을 만들 수 있게 되었다.

문명은 화학물질의 사용량과 생산량에 비례하여 발달했다고 해도 과언이 아닐 정도로 화학물질로 인해 다양하고 편리한 생활을 누리고 있지만, 그 이면에는 생태계와 인체에 대한 유해성이 심각한 문제로 제기되고 있다. 현재 전 세계적으로 약 30만여 종의 화학물질이 사용되고 있으며, 시중에 유통되는 4만3천 종 중 약 15% 정도만이 유해성에 대한 정보가 확인되고 있다.

화학물질은 현대인이 사용하는 거의 모든 물질에 존재하고 있으며 자연에서 쉽게 분해되지 않는다. 또한 먹이사슬을 통해 순환되고 생물에 축적되며 축적된 화학물질은 현세대 뿐 아니라 다음 세대까지 악영향을 미친다. 일례로 자동차의 실내장식과 TV에 사용되는 방염제가 오염원에서 멀리 떨어진 북극곰에서도 발견되며, 태어나는 아이의 제대혈에서도 유해화학물질이 발견되고 있다. 이러한 유해화학물질은 암을 일으키거나 면역체계를 교란시켜, 어린이를 중심으로 한 환경성 질환인 아토피 피부염, 천식, 알레르기 비염 등을 악화시키는 요인이 되기도 한다.

화학물질 중에서 우리의 생활에 밀접한 것으로 각종 세정제, 살충제, 도료, 의약품, 농약 등을 들 수 있다. 또한, 전자전기제품, 의류 등 생활에서 없어서는 안 되는 많은 제품이 화학물질로 만들어진다(<표 8-1> 참조). 이러한 화학물질은 광물, 석유, 석탄 등 자연 상태에서 존재하는 물질로부터 추출·정제하여 얻거나, 인위적으로 화학반응을 일으켜 만든다. 화학물질은 크게 석유(납사), 석탄, 천연가스, 광물, 동·식물 등에서 추출한 기초 화학물질(basic chemicals)과, 이를 원료로 해서 만든 정밀 화학물질(specialty chemicals)로 구분할 수 있다.

현재 전 세계적으로 유통되고 있는 화학물질의 수는 30만여 종에 달하고, 매년 3천여종의 새로운 화학물질이 개발되어 상품화되고 있으며, 향후에도 화학산업의 지속적인 성장이 예상되고 있다. 국내에서는 4만종 이상의 화학물질이 유통되었거나 유통되고 있고, 매년 400여종 이상이 새로이 진입되는 등 화학물질의 사용이 꾸준히 증가하고 있다. 또한 화학산업은 다른 분야에 비해 빠르게 성장하여 국내 제조업 생산액의 15%, 고용의 10%를 차지하고 있다. 특히 석유화학산업은 에틸렌 생산량 규모가 세계 3위에 이르는 등 국제적으로도 큰 비중을 차지하고 있다.

우리나라에서 화학물질은 그 이용목적 및 성상 등에 따라 <표 8-2>와 같이 7개 부처의 13개 법률에 의하여 관리되고 있다. 환경부에서 운영하고 있는 유해화학물질관리법 은 국내 화학물질 관리의 기본이 되는 법으로, 화학물질의 유해성 관리, 유독물 및 유해화학물질의 안전 관리, 화학물질의 배출량 및 유통량 조사, 화학물질 사고대응 등을 주요 내용으로 하고 있다.

표 8-1 일상생활 속 화학제품

어린이용품	장난감, 학용품, 젖병, 식기 등
페인트 및 첨가제	유성/수성페인트, 니스, 신나 등
접착제 및 접합체	본드, 풀, 접착제 등
세정제	세탁, 주방, 욕실용 세정제 등
탈취제 및 방향제	섬유탈취제, 자동차/실내방향제 등
표백제, 살균제	섬유표백제, 변기소독제, 에어컨 살균제 등
얼룩 제거제	풀/잉크/페인트/녹/물때제거제 등
개인 위생용품	샴푸, 비누, 치약, 물티슈 등
가정용 살충제	모기약, 파리약, 바퀴벌레약 등
인쇄용품	잉크, 토너 등
광택제	마루/가구/자동차 광택제 구두약 등
기타	음식포장 용기 등

표 8-2 우리나라의 화학물질 관련 법

관리대상	소관부처	근거법령	관 리 목 적
유해화학물질	환경부	유해화학물질관리법	유해화학물질로 인한 사람의 건강 및 환경보호
건강장해물질	노동부	산업안전보건법	산업재해예방 및 근로자의 안전보건의 유지·증진
농약·비료·사료	농림부	농약관리법, 비료관리법, 사료관리법	농약, 비료, 사료의 품질향상과 수급관리
의약품, 마약류	보건복지부	약사법, 마약류 관리에 관한 법률	의약품의 적정관리를 통한 국민건강 향상
식품첨가물	보건복지부	식품위생법	식품으로 인한 위해방지 및 식품영양의 질적 향상
화장품	보건복지부	화장품법	화장품의 안전 관리
위험물, 화약류	행정자치부	위험물 안전관리법 총포·도검·화약류 등 단속법	위험물로 인한 위해를 방지하여 공공의 안전 확보화약류 등으로 인한 위험과 재해 방지
고압가스	산업자원부	고압가스 안전 관리법	고압가스로 인한 위해방지
방사성물질	과학기술부	원자력법	원자력이용과 안전관리

8.1.2 화학물질 오염 사건

화학물질 개발의 영광과 실패를 보여준 대표적인 사례가 바로 DDT 이다. "인류가 만든 꿈의 물질"로서 발명자는 노벨상까지 수상하는 영광을 안겨준 살충제인 DDT의 경우 사용 후 불과 20년 만에 인간과 생태계에 치명적인 독성작용을 일으키는 것으로 밝혀져 현재는 일부 후진국을 제외하고는 사용이 전면 금지되고 있다. 1962년 레이첼 칼슨은 『침묵의 봄』이란 책자를 발간하여 DDT와 같은 화학물질이 생태계에 엄청난 재앙을 가져올 수 있다고 경고하였다. 그 결과 미국은 1973년 DDT 사용을 금지하게 되었다. 환경을 위협하는 대표적인 화학물질을 <표 8-3>에 정리하였다.

20세기 이후에 발생한 대표적인 화학물질 오염사고를 <표 8-4>에 정리하였다. 최근 국내에서는 가습기 살균제 사용으로 인하여 피해자가 많이 발생하였다. 환경보건시민센터에 따르면 가습기살균제로 인한 사망자는 2017년 2월 현재 1131명, 피해신고자는 5432명으로 집계됐다. 잠재적 피해자만 수백만 명으로 추산된다. 이는 우리가 무심코 사용하는 화학물질이 얼마나 위험할 수 있는지를 보여주는 사례이다.

표 8-3 환경을 위협하는 대표적인 화학물질들

DDT	말라리아 구제용으로 전세계적으로 사용	레이첼 카슨이 침묵의 봄을 발표 (1962) 미국 DDT 사용 금지 (1973)
PCBs (폴리염화비페닐)	변압기, 콘덴서의 절연유	PCBs로 오염된 쌀겨기름을 식용으로 사용하여 가네미 오일 사건 발생 (1960년대 후반)
트리클로로플루오르메탄 (CFC-11)	냉장고, 냉동기, 에어콘 등의 냉각제	오존층 파괴와 지구온난화의 원인물질
TBT(트리뷰틸 주석화합물)	선박이나 양식어구 등의 오염방지제	내분비 계장애물질로 작용하여 고둥류 등의 임포섹스를 유발
다이옥신	각종 연소시설에서 발생	베트남 전쟁에서 고엽작업을 위해 사용한 제초제(Agent Orange)에 함유되어 있던 다이옥신으로 인해 암, 유산 및 기형아 출산

출처 : 환경속의 화학물질, 환경부

표 8-4 대표적인 화학물질 사고

세베소 사건 (1976)	- 이탈리아 북부에 위치한 세베소시의 농약제조 회사의 트리클로로페놀 생산공장에서 유독성 화학물질이 대기로 방출 - 방출된 화학물질중 염소가스와 다이옥신으로 인하여 수많은 동물들이 폐사하고, 사람들이 피부병에 걸림
인도 보팔 사고 (1984)	- 인도 중부 보팔시의 농약제조회사인 유니온카바이드에서 "메칠이소시아네이트(MIC)"라는 화학물질이 40여톤 누출 - 2,400여명의 인근 주민이 사망하고 10만명의 피해자 발생 - 생존자는 지금까지 실명, 호흡기장애, 중추신경계의 이상으로 고통을 받고 있음
산도즈 화학공장 유출사건 (1986)	- 스위스 바젤시 근처의 산도즈 화학공장에서 30여톤의 화학물질(살균제)이 라인강으로 유출 - 라인강 상류 약 200여마일의 물고기가 떼죽음을 당하는 등 생태계 파괴 유발
낙동강 페놀 유출사고 (1991)	- 두산전자 구미공장에서 페놀 30여톤이 배수구를 통하여 낙동강으로 유입 - 상수도 공급 중단, 임산부 피해, 조업 정지 초래

출처 : 환경속의 화학물질, 환경부

8.2 화학물질 오염의 특징

8.2.1 화학물질 오염의 특징

현대의 화학물질에 의한 환경오염의 특징은 아래와 같이 정리할 수 있다.

1) ppt, ppb 단위로도 해로운 영향을 미칠 수가 있으며, 한 개의 분자만으로도 오염을 일으킬 가능성이 있다고도 한다.
2) 생태계의 상층부로 갈수록 오염물질이 급격하게 농축(1단계당 10-100배 농도가 증가)되어, 포유류의 경우 낮은 단계의 생물과 비교하여 수천만 배까지 농축이 되기도 한다. 오염물질은 지방층에 주로 축적되어 한번 생체 내에 저장이 되면, 배출이 매우 어렵다.
3) 각각은 해롭지 않거나 안전한 오염물이라고 하더라도, 여러 가지가 동시에 복합적으로 작용하면 악영향이 급격히 증가할 수 있다. 예를 들어, 각각은 무해한 5종의 오염물이 복합적으로 작용할 경우 25= 32배로 악영향을 끼칠 수도 있다.
4) 극미량의 환경호르몬 계열의 화학물질들은 정상적인 호르몬 작용을 교란시키며, (남성의 여성화, 여성의 조숙화). 생식계통(정자, 난자, 우유 등)에 집중적으로 해로운 영향을 미치기도 한다.
5) 체내 면역계의 반응을 약화시키거나 과민 반응을 초래하기도 한다(알레르기, 아토피, 비염, 천식, 아나필락시스, 화학물질 과민증 등).
6) 생태계 상위단계에 위치하는 음식물의 섭취를 줄이고, 지방성분을 가급적 멀리 하여야 한다. 오염물질의 체외배출을 위해서는 섬유질(셀룰로스)이 많은 현미, 야채, 미역 등을 다량 섭취해야 한다.

화학물질에 의한 오염의 특징으로는 다음과 같이, 잔류성, 비가시성, 미량성, 치명성, 확산성을 들 수 있다.

1) 잔류성; 환경중에 배출되면 분해되지 않고 생물체에 축적되어 장기간에 걸쳐 피해를 발생시킨다.

2) 비가시성; 오염의 진행이 눈에 보이지 않으며 대부분의 경우 유해물질이 안전농도 이상으로 검출되거나 사람과 생태계에 치명적인 영향을 나타낸 후 비로소 문제를 인지하게 된다.
3) 미량성; 화학물질은 100만분의 1 또는 10억분의 1이라는 미량으로도 심각한 오염을 유발할 수 있다.
4) 치명성; 일부 화학물질은 폭발성, 인화성 및 강한 독성이 있어 짧은 시간에 치명적 피해를 발생시킬 수 있다.
5) 확산성; 일부 화학물질은 바람, 해류 등을 타고 장거리로 이동하면서 오염지역을 확산시키기도 한다.

8.2.2 생물학적 농축현상과 칵테일 효과

생물학적 농축현상이란, 오염물질(저농도, 비배출성, 난분해성)이 먹이연쇄를 따라 생태계의 상위단계로 올라갈수록 축적되어 그 농도가 크게 증가하는 현상을 말한다. 생태계에 방출된 중금속이나 독성유기화합물은 생물체 내로 들어가서 쉽게 분해되지 않고, 체내의 지방분자와 결합하여 생물체 외로 배출되지 않거나, 배출되는 시간이 너무 오래 걸리기 때문에, 먹이 연쇄에 따라 다음 단계의 생물로 이동 한다. 따라서 상위 단계의 생물로 옮아 갈수록 몸속에 축적되는 농도가 점차 높아진다. 생태계의 하위단계에서 상위단계로 올라갈 때마다 10배에서 수백배로 오염물질의 농축이 이루어지는데, 예를 들면, 1950년대 미국에서 0.02 mg/L의 DDT를 항공 살포한 결과, 농병아리 체내에서 1600 mg/L의 DDT가 검출되기도 하였다.

두 가지 이상의 화합물을 섞을 때 예상치 못한 상호작용들이 나타날 수 있다. 각 화학물질의 독성이 상쇄되어 감소할 수도 있지만 (길항 작용, antagonism), 두 독성이 합해지는 만큼의 영향을 주기도 한다 (상가 작용, additivity). 상가작용이란 덧셈론에 근거를 둔 혼합물의 독성으로서 혼합물 내의 개개 성분이 나타내는 독성의 합(additivity)을 말한다.

두 독성이 합해지는 것 이상으로 독성이 더 크게 나타나는 영향을 상승작용(synergism)이라고 한다. 칵테일 효과(복합효과)란 각각의 덜 해롭거나 유해성이 낮은 오염물이 여러 가지가 동시에 작용할 경우 그 위험도가 크게 증가하는 현상을 말하며 상승작용이라고도 한다. 예를 들면 3가지의 덜 해로운 오염물이 동시에 작용할 경우 최대 1000배 까지 위험도가 상승할 수도 있다.

8.3 화학물질의 유해성

화학물질의 독성은 그 성질이나 특성에 따라서 다음과 같이 여러 가지 물질로 분류하기도 한다. 발암성(carcinogenic) 물질이란 암을 일으키거나 암의 발생을 증가시키는 물질을 뜻하며 발암성에 대한 연구 증거에 따라 등급으로 구분된다. 국제암연구소가 만든 발암물질의 분류기준은 다음 <표 8-5>와 같다.

표 8-5 발암물질의 분류 기준

국제암연구소 (IARC) 분류	한국 GHS 분류	기 준
Group 1	1A	인체 발암성 물질- 사람에게 암을 일으킨다는 충분한 증거가 있는 물질
Group 2A	1B	인체 발암 추정 물질- 동물에 암을 일으킨다는 증거가 충분한 물질- 동물이나 사람에게 암을 일으킨다는 제한적인 증거가 있는 물질
Group 2B	2	인체 발암 의심 물질- 사람이나 동물에 암을 일으킨다는 제한적인 증거는 있지만 확정 하기는 부족한 물질

변이원성(mutagenic) 물질이란 아이에게 유전될 수 있는 사람의 세포에 유전적 변이(돌연변이)를 일으킬 수 있는 물질을 말한다. 생식독성(reprotoxic) 물질이란 생식기능, 생식 능력 또는 태아의 발생과 발육에 영향을 주는 물질을 뜻한다. 어린이나 태아의 발육에 악영향을 주는 물질도 포함되기 때문에 수유를 통해 전달되는 경우도 별도로 관리되고 있다.

일반적으로 노출량과 노출 시간이 증가할수록 화학물질의 독성도 커지게 된다. 화학물질의 노출량과 노출 시간은 급성독성과 만성독성을 결정하는 중요한 인자이다. 많은 양의 화학물질에 짧은 시간 노출되었을 때 (급성 독성)와 적은 양의 화학물질에 오랜 기간 노출되었을 때 (만성 독성) 같은 화학물질이라도 독성이 다르게 나타날 수 있다.

화학물질이 어떤 경로로 인체에 흡수되는지도 중요한 문제이다. 화학물질이 음식물을 통해 체내에 흡수되었을 경우 소화기관을 거치면서 간에서 1차로 해독될 수 있지만, 호흡을 통해 폐로 직접 노출될 경우는 해독작용 없이 피를 통해 몸 전체에 퍼지면서 더 심각한 영향을 받을 수도 있다.

화학물질이 체내에 얼마나 오래 남아 있고 어떻게 대사가 되는지도 중요한 요소이다. 중금속과 같이 체외로 배출이 잘되지 않는 물질, 지방과 결합하여 체내에 저장되는 지용성 화학물질 같은 경우 몸속에 남아 지속해서 건강에 영향을 줄 수 있다.또한, 이런 화학물질이 바다로 흘러가면 물고기에 축적되고 그 물고기를 먹은 사람에게 다시 축적되는 생물 농축이 일어나 문제를 일으킨다.

생물농축성 독성 물질은 분해가 잘 안 되어 환경에 배출되었을 경우 오래 남아있어 장거리 이동이 가능한 특징을 가지고 있다. 잔류성이 큰 물질은 생물이 지속해서 섭취하거나 노출될 경우 체내에 농축될 수 있어 위험하다. 내분비계장애물질(환경호르몬)은 체내 내에서 자연적으로 만들어지는 호르몬과 유사한 성질을 가지고 있으나, 정상적인 호르몬의 작용을 방해하거나 오히려 강한 작용을 하는 등 내분비계에 이상을 줄 수 있다. 화학물질은 체내에 흡수되어 피부, 호흡기, 간과 같이 특정한 장기에 독성을 나타내기도 하며 이런 장기 특이성(혈액·심혈관독성, 피부·안구독성, 간독성, 신장독성, 신경독성, 호흡기독성.)에 따라 독성을 분류하기도 한다.

어린이는 모든 신체기관이나 장기들이 완전히 형성된 상태가 아니므로 화학물질 해독 능력이 부족하여 화학물질에 더 민감할 수 있다. 또한, 성장이 계속 진행되고 신진대사가 빠르게 일어나기 때문에 성인보다 화학물질에 더 빠르게 영향을 받을 수 있다. 화학물질은 보통 지방조직에 축적되는데 여성은 남성보다 지방조직의 비율이 상대적으로 높아 여성이 화학물질에 더 취약할 수 있다. 또한, 초경·임신·출산·폐경 등 호르몬으로 인한 급격한 신체변화를 겪는 여성의 특성 때문에 화학물질에 더 민감하게 반응한다.

개인의 특성에 따른 민감성도 무시할 수 없다. 일반적으로 사람들에게는 영향을 미치지 않는다고 알려진 적은 양의 화학물질에도 두통, 극심한 피로, 발진, 구토, 불면증 등의 증상을 보이며 일상생활의 문제를 일으키는 다종 화학 물질 민감증(multiple chemical sensitivity)을 호소하는 환자도 많아지고 있다.

8.4 화학물질의 위해성 평가

8.4.1 위해성 용어 정의

화학물질은 가정용 세제에서 자동차, 전자제품에 이르기까지 우리의 모든 일상생활에서 광범위하게 사용되고 있으나 그 위해성에 대한 안전성이 제대로 검증된 것은 일부에 지나지 않는다. EU에서는 화학물질의 사용량 증가에 따른 사람의 건강 및 환경위해성을 예방하기 위하여 화학물질 관리제도(Registration, Evaluation, Authorization of CHemicals: REACH)의 도입을 추진하고 있으며, 국제적으로도 화학물질 관리제도가 날로 강화되고 있는 추세이다.

환경위해성평가 분야에서 자주 사용되는 용어들을 간단히 설명하면 다음과 같다. 먼저 유해성(hazard)은 인간과 생태계에 작용하여 악영향을 유발할 수 있는 물질의 고유한 독성 능력을 말한다. 물질 자체가 갖는 본질적인 독성을 표현하는 용어로서 노출여부 관계 없이 위험한 물질을 말한다. 위해성(risk)은 유해물질이 인간과 생태계에 노출될 경우 예상되는 악영향의 발생 가능성 즉 발생 확률을 말한다. 위해성은 노출되는 빈도 혹은 농도에 따라 수시로 변한다. 즉 유해성이 정성적 개념이라면 위해성은 정량적 개념이다.

독성(toxicity)은 유해물질이 실제적으로 생체와 접촉하였을 경우 발생되는 악영향을 표시하는 하나의 용어이다. 즉 독성은 유해성을 표시하는 하나의 지표라 할 수 있다. 노출(exposure)은 인간 혹은 생태계가 다양한 경로를 통하여 유해물질과 직접적으로 접촉되는 상태를 말한다. 용량(dose)은 환경매체에 있는 유해물질이 다양한 생체의 경로를 통하여 들어온 총량을 말한다. 한계치(limit value)는 생체에 독성을 나타낼 수 있는 유해물질의 최소 농도나 용량으로서 역치라고도 한다.

유독성 화학물질은 독성의 강도에 따라 다음과 같이 분류하기도 한다.

1) 급성독성 : 짧은 시간 내에 강하게 나타나는 악영향, 입(경구), 피부(경피), 호흡(흡입) 독성 등으로 상세히 분류하기도 함
2) 발암성 : 암을 일으키는 성질
3) 유전독성 : 세포내의 유전과 관련되는 물질에 미치는 악영향

4) 최기형성 : 모체내 태자의 눈, 코, 사지 등의 형성과정에 기형을 유발하는 성질
5) 어독성 : 물고기에 미치는 독성
6) 생물 농축성 : 생물체내에 축적되는 성질

대표적인 맹독성 오염물질인 다이옥신의 경우, ① 환경에 방출되어진 경우라도 안정적이고, 분해가 거의 되지 않는다. ② 생체농축이 잘 되고, 오랫동안 생체 내에 축적된다. ③ 체내에 들어간 다이옥신은 발암성, 최기형성, 유전 독성을 가지며, 수년 내지 수십 년이 경과한 다음에, 자녀나 손자 세대에서 독성이 나타나기도 하며, 한번 증상이 나타나면 거의 회복이 어려운 피해를 초래한다.

8.4.2 위해성 평가

위해성(risk)이란 사람의 건강 또는 환경에 바람직하지 않은 영향을 미칠 가능성을 말한다. 예를 들면 우리의 생활 속에는 자연재해에 의한 위해성이나 질병에 의한 위해성, 화학물질에 의한 위해성 등 여러 가지 위해성이 존재하고 있다. 그 중에서 화학물질에 의한 위해성이란, 화학물질을 통해 우리의 건강이나 자연환경에 나쁜 영향을 미칠 가능성으로, 화학물질의 유해영향과 그 화학물질에 얼마나 노출되었는지에 의해 정해진다. 때문에 유해성이 낮아도 폭로량이 많은 경우에는 악영향을 미칠 가능성은 높아지며, 반대로 유해성이 높아도 극미량으로 폭로되면, 악영향을 미칠 가능성은 낮아 진다. 일반적으로 위해성은 농도와 폭로 시간의 곱으로 계산할 수 있다.

위해성(risk) = 유해성(hazard) × 폭로량(exposure)

화학물질의 노출에 따른 인간의 건강에 미치는 위해성 평가(HRA, human health risk assessment)는 크게 다음과 같이 4단계로 이루어 진다.

1) 유해성 확인(risk identification); 물질의 독성, 분해성, 발암성 등을 확인하는 절차
2) 용량-반응 평가(dose-response Analysis); 어느 정도의 양에서 악영향이 나타나는가를 확인하는 절차
3) 노출 평가(exposure assessment); 실제로 사람이나 환경에 노출되는 양은 얼마

인가를 확인하는 절차

4) 위해도 결정(risk characterization); 노출정도에 근거하여 실제 악영향을 나타낼 확률은 어느 정도 인지를 결정하는 절차

유해물질을 실험동물에 일회 또는 단기간에 투여하여 그 독성을 관찰하는 것을 급성독성시험이라고 하며, 이때는 주로 반치사 용량(LD50, median lethal dose)을 측정한다. 여기서 LD50은 "유해물질을 투여한 실험동물 중 절반이 치사하는 농도 혹은 용량"을 말한다.

일반적으로 한계치를 갖는 유해물질들에 대하여 위해성이 나타나지 않는 농도를 결정하는 방법은 다음과 같다. 먼저 시험대상 생물종에 대한 단기간의 위해성이 전혀 나타나지 않는 무영향 수준(NEL, no effect level)를 결정한다. 다음으로 수학적 모델링 혹은 통계학적으로 미리 예측하여 계산해둔 안전 계수(SF, safe factor)를 대입하여 인간에 대한 일일 허용량(ADI, acceptable daily intake)을 구한다. 여기서 ADI는 인간이 일생동안 노출되어도 위해성을 일으키지 않는 농도에 대하여 하루를 기준으로 환산한 노출평가법이다.

$$ADI(mg/Kg) = NEL/SF$$

동물 실험 결과를 인체에 적용시키기 위해 안전 계수(safety factor)를 사용한다. 동물에 대한 인간의 민감도는 수치로 측정이 힘들므로 100이라는 안전 계수를 사용하는데, 이는 동물보다 인간이 10배 민감하고, 개인의 민감도의 차이를 10배 정도로 가정하여 산출한 것이다. 예를 들어 NEL이 1mg/Kg 인 경우 ADI값은 0.01mg/Kg 이 된다. 즉, 100Kg의 성인의 경우 위 화합물을 하루에 1mg까지는 안전하게 섭취할 수 있다.

8.5 일상생활 속 화학물질 오염

8.5.1 실내생활에서 화학물질의 흡입

최근 들어 TV 등 언론매체, 인터넷, 서적 등에서 새집증후군, 알레르기, 화학물질

과민증, 천식 등의 원인으로 화학물질이 거론되고 있다. 그간 상대적으로 안전하게 생각되었던 일부 화학물질도 환경호르몬으로 작용하여 인체 또는 생물체의 내분비계에 영향을 줄 수 있다는 연구도 발표되고 있다. 또한 가정과 빌딩의 실내공기오염이 심각한 상황이며, 이러한 실내에서 하루의 대부분을 생활하고 있다.

보통 가정에서 사용하는 화학제품은 원래 정해진 용도로 정상적으로 사용하는 경우 대체적으로 안전성이 확보되어 있다. 그러나 화학제품의 구입, 사용, 보관, 폐기와 관련하여 일반 소비자들의 관련 지식이 부족한 실정이다. 화학제품에 함유된 물질 중에서는 독성이 매우 높은 물질도 많으며, 이러한 화학물질의 부주의한 노출은 자칫 치명적은 피해를 가져올 수도 있다. 대표적으로 가습기 살균제 피해사례를 들 수가 있다.

8.5.2 물을 통한 화학물질의 흡수

사람은 하루에 2L의 물을 마시고, 우리가 마시는 물속에는 600여 가지의 화학물질이 존재한다고 알려져 있다. 여기에는 자연적으로 물속에 녹아들어 우리 몸에 유익한 미네랄과 같은 성분도 있고, 오염된 물질이 완벽히 제거되지 않아 남아 있기도 한다. 수돗물의 염소처럼 일부러 첨가된 화학물질도 있다.

우리가 마시는 물은 평생 마셔도 안전한 수준에서 화학물질이 관리되고 있다. 즉, 먹는 물 속에 존재할 수 있는 유해물질에 대하여 사람이 평생 마셔도 해롭지 않는 최대허용량을 법으로 관리한다. 대표적으로 염소, 알루미늄, 오존, 불소 등이 있다. 법에서는 수돗물 중 잔류염소가 0.2~4.0mg/L 유지되도록 권고하고 있다. 수돗물에 함유되어 있는 염소는 병원성 미생물을 소독하기 위해서다. 물을 끓이면 물속에 남아 있는 잔류염소와 휘발성물질들을 제거할 수가 있다.

8.5.3 음식을 통한 화학물질의 섭취

우리가 맛있게 먹는 음식을 통해서도 화학물질이 몸속으로 많이 들어오게 된다. 가장 대표적인 것이 다양하게 사용되고 있는 식품첨가물이다. 식품첨가물은 식품의 위생이나 상품가치를 높이고, 보존하기 위해 사용한다. FAO(세계식량농업기구)와 WHO(세계 보건기구)에 의하면, 식품첨가물이란 '식품의 외관, 향미, 조직 또는 저장성을 향상시키기 위한 목적으로 미량으로 식품에 첨가되는 비 영양물질'이라고 정의하고 있다.

그러나 대부분의 식품첨가물은 여러 가지 화학물질로 구성되어 있기 때문에 안정성 문제가 제기 되기도 한다.

음식을 통해 노출되는 화학물질 중에는 식품첨가물 외에 농약이 있다. 농토와 농작물에 살포된 농약은 일반적으로 농작물 표면에 대부분 부착되며, 흡수성이 있는 농약은 농작물을 통하여 사람에게 직접 흡수되거나 가축을 통해서 간접적으로 흡수된다. 농약은 하천에 흘러들어가 먹이연쇄 과정을 거쳐 어류, 패류, 조류에 축적된다. 잔류농약으로 가장 문제가 되는 것은 유기염소계 농약이다. 이러한 농약은 생태계에서 분해가 어려워 생물에 농축되기 쉬운데 대표적으로 DDT가 있다. 현재 DDT는 전세계적으로 사용이 금지되었지만 우유, 어패류, 사람의 몸에서 미량이지만 검출되기도 한다.

표 8-6 일상생활속 화학제품의 종류와 부작용

구 분	성 분	독성 및 부작용
가정용 세척제	Potassium Hydroxide	입과 식도의 염증, 소화관 천공, 호흡곤란, 쇼크, 식도나 유문(위의 출구) 협착 증세
구강 청결제	Ethanol	무기력, 신진대사 합병증, 과민성 체질은 과다 복용할 경우 혼수상태, 사망 등
화장품	Hydrocarbons	폐에 직접 흡입하거나 토할 경우 화학적 폐렴, 구토나 두통 심할 경우 뇌질환, 사망
가정용 살충제	Pyrethroid	흥분, 손발 떨림, 전신경련, 호흡곤란

출처 : 환경속의 화학물질, 환경부

표 8-7 생활화학제품에 포함될 수 있는 유해화학물질

주요성분	함유제품	부 작 용
폴리헥사메틸렌 구아니딘(PHMG)	항균제, 표백제, 섬유유연제	폐질환, 흡입독성
염화에톡시에틸 구아디닌(PGH)	살균제	흡입 독성
벤즈이소치아졸리논 (BIT)	페인트, 탈취제, 보존제	흡입독성
메틸이소치아졸리논 (MIT, CMIT)	살균제, 화장품, 샴푸	흡입독성, 피부질환
비소페놀A(BPA)	화장품, 영수증, 통조림	자궁암, 생식독성
납(Pb)	섬유유연제, 문신용 염료	피부염, 각막염, 결막염, 탈모증, 운동 신경 마비, 중추신경 장애 등 유발
파라벤 (paraben)	물티슈, 겨드랑이탈취제, 화장품	접촉성 알레르기염 물질, 유방암 의심 물질, 내분비계 교란 물질 등 유발
메틸파라벤 (methylparaben)	화장품, 야채세척제	생식독성, 피부질환, 유방암
폼알데하이드	방향제, 방청제, 소독제, 방충제	점막 자극 및 시력 장애, 피부 장애, 소화기 및 호흡기 장애 유발, 발암 물질
프탈레이트 (phthalate)	방향제, 김 서림 방지제, 변기 청소용 세제, 샴푸	천식, 알레르기, 간, 신장 등을 손상시킬 수 있는 내분비계 장애 유발
트리클로산 (triclosan)	치약, 샤워젤,구강청결제, 여드름 살균제, 겨드랑이 탈취제	호르몬 대사 방해, 신경계 교란, 피부질환 불임, 성조숙증, 간섬유화, 암 유발
벤젠	합성세제, 용해제, 세정제, 섬유유연제	장기간 노출 시 심각한 빈혈과 내출혈 1급 발암물질
P-디클로로벤젠	방충제	호흡곤란, 발암가능
나프탈렌	좀약, 살충제, 방부제	신장 간독성, 발암물질, 어지러움증, 구토
시트릭애시드 (구연산)	방향제, 탈취제, 소독제	호흡시 염증, 눈 피부 자극
트리에탄올아민 (Triethanolamine)	샴푸, 화장품, 소독제	발암물질 생성, 피부점막 자극, 간신장 손상 안질환, 피부건조증
트라이에틸렌글리콜	탈취제, 방향제	눈/피부/호흡기 자극
염화벤잘코늄 (benzalkonium chloride)	소독제, 물티슈, 가습기살균제	중추 신경계 억제, 궤양, 호흡기 근육 마비, 짓무름

출처 : 환경속의 화학물질, 환경부

표 8-8 생활 화학제품 중 위험성이 높은 제품

품 목	정 의	대 상
세정제	일반 가정, 사무실 등에서 물체를 세정하는 용도로 사용하는 화학제품	– 주방 · 욕실용 – 곰팡이 제거용 – 배수구 · 배수관용 – 구두 · 가죽용 – 세탁조 · 가습기 · 에어컨용 – 유리 · 거울용 – 금속용 – 악기용 – 차량용(실내, 실외) – 스티커/접착제 제거용
합성 세제	일반 가정, 사무실 등에서 의류 등을 세탁하는 용도로 사용하는 화학제품	– 의류 · 섬유 · 신발용 – 홈 드라이클리닝용 – 기타
표백제	일반 가정, 사무실 등에서 의류 등에 묻은 때를 없애고 변색된 상태를 희게 할 용도로 사용하는 화학제품	– 의류 · 섬유 · 신발용 – 얼룩제거용 – 기타
섬유 유연제	일반 가정, 사무실 등에서 의류 등을 세탁 또는 건조할 때 섬유를 부드럽게 하거나, 정전기가 일어나는 것을 방지하는 용도로 사용하는 화학제품	– 의류 · 섬유 · 신발용 – 기타
코팅제	일반 가정, 사무실 등에서 광택, 표면보호, 방수, 발수 등의 효과를 내는 용도로 사용하는 화학제품	– 차량용(실내, 실외) – 건물 · 건물보수용 – 가구용 – 의류 · 섬유 · 신발용 – 가죽 · 구두용 – 석재용 – 금속용 – 악기용
접착제	일반 가정, 사무실 등에서 물체의 표면을 접착시키는 용도로 사용하는 화학제품 사람의 신체부위에 머리카락 및 털 대용을 부착하기 위한 용도로 사용하는 가발용(체모용 포함) 접착제가 속눈썹을 사람눈의 속눈썹자리에 부착하기 위한 용도로 사용하는 가 속눈썹 접착제	– 일반용 – 순간 접착용 – 가발용 – 속눈썹용 – 인조 손톱용 – 기타

품 목	정 의	대 상
방향제	일반 가정, 사무실, 차량 등 일정한 공간 내에 지속적으로 좋은 냄새를 발산시켜 사용자의 기분을 상쾌하게 하는 용도로 사용하는 화학제품 및 향초	- 실내공기용 - 차량용(실내) - 기타
탈취제	일반 가정, 사무실, 차량 등 일정한 공간 내에 또는 섬유제품과 같은 특정 제품의 악취를 제거하는 용도로 사용하는 화학제품 및 미생물을 이용한 미생물 탈취제	- 실내공기용 - 의류 · 섬유 · 신발용 - 차량용(실내) - 기타
문신용 염료	신체부위(피부)에 시술하는 염료로서 피부 속까지 침투하여 반영구·영구적인 기능을 가지는 화학제품	- 인체용 - 눈썹용 - 아이라인용 - 입술용 - 기타
소독제	일반 가정, 사무실 등에서 살균, 항균, 소독 등의 용도로 사용하는 화학제품	- 주방 · 욕실용 - 곰팡이 제거용 - 배수관용 - 에어컨용 - 기타
방충제	일반 가정, 사무실 등에서 쌀이나 의류 등에 해로운 벌레(쌀벌레, 좀벌레 등)가 침범하여 해를 끼치지 못하게 막는 용도로 사용하는 화학제품	- 의류 · 섬유 · 신발용 - 욕실용 - 식품용 (쌀벌레퇴치용 등) - 기타
방부제	일반 가정, 사무실 등에서 목재 등이 부패하는 것을 방지하기 위한 용도로 사용하는 화학제품	- 목재용 - 기타

자료출처 : 환경속의 화학물질, 환경부

8.6 생활 속 유해한 화학물질

8.6.1 PCBs

사람과 환경에 치명적인 영향을 줄 수 있는 유해한 화합물질도 많다. 이들 유해한 화합물질 중에서 특히 독성이 강하면서 분해가 느려 생태계에 오랫동안 남아 피해를 일으키는 물질을 환경 유래 오염물질이라 하는데, 그 중 대표적인 물질이 PCBs(폴리염화비페닐, polychlorinated biphenyls)이다. PCBs은 1929년 미국에서 상업적으로 생산된 화합물질로 열에 잘 견디며 화합적으로 안정하기 때문에 변압기와 축전기의 절연류, 제지, 가소제, 도료 등 전 세계적으로 널리 사용되었다. 그 위험성이 알려진후 우리나라에서는 1979년에 판매가 금지되었다.

PCBs 는 환경유래오염물질로 식품, 공기, 물, 피부 접촉 등으로 우리 몸에 들어온다. 환경으로 유입되는 PCBs는 식품을 통해 체내로 유입되지만 그 양은 인체에 안전한 수준이다. PCBs는 바람과 해류를 따라 수천 km를 이동하여 환경을 오염시켜 먹이사슬의 최상위 개체로 이동된다. 최근 연구결과에 의하면 깨끗한 설원지역의 북극곰 체내에서 PCBs가 검출되었다는 보고가 있다.

PCBs에 과다 노출되면 간기능 이상, 갑상선 기능 저하, 갑상선 비대, 피부 발진, 피부 착색, 면역기능 장애, 기억력·학습·지능 장애, 저체중아 출산 등의 유해한 영향을 받을 수 있다. PCB의 섭취를 줄일 수 있는 가장 효과적인 방법은 육류, 생선류, 우유와 유제품 등의 섭취를 줄이는 것이다.

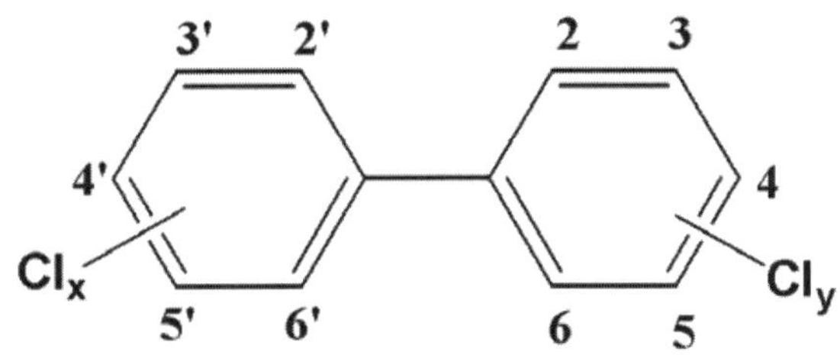

그림 8-1 PCB의 화학적 구조

8.6.2 세제류

주방용 세제속에 사용된 유해화학물질은 차아염소산 나트륨, 2B급 발암물질인 디에탄올 아민, 트리 클로산, 화학 계면활성제, 알킬페놀류(노닐페놀, 옥틸페놀), 비소, 1급 발암물질인 1,4-다이옥신 등이 있다. 알킬페놀류는 플라스틱을 생산하는 원료로도 사용되었으나 현재는 합성 세제와 섬유 유연제, 세정용품 등에서 계면활성제 성분으로 많은 양이 사용되고 있다. 또한 모발 관리 제품이나 염색약의 성분으로도 활용된다.

계면활성제인 알킬페놀류는 일부 국가에서는 생산·사용을 금지할 정도로 독성이 강하다. 알킬페놀류는 클렌징, 샴푸 등 화장품의 제조 과정에 사용되며, 이때 부산물로 발암물질인 1.4 다이옥산을 발생시킨다고 보고되었다. 알킬페놀류의 하나인 노닐페놀과 옥틸페놀은 피부를 통해 몸속에 흡수되면 내분비계를 교란시켜 여러 호르몬의 분비를 방해한다.

식기류, 과일, 야채 등을 세척하면 미량의 세제 성분이 남게 되어 인체에 흡수될 가능성이 있다. 세제 성분은 호르몬과 유사한 작용을 하거나 호르몬 작용을 방해하는 내분비 장애물질 (환경호르몬)로 생식계통에 악영향을 미치는 것으로 알려져 있다. 세정제는 사용한 다음에 하수구를 통해 하천으로 배출되어 수생생태계를 교란시키기도 한다.

세제를 고를 때, 표기 성분 중 '친환경 계면활성제' 또는 '천연 계면활성제' 등이 표시된 제품으로 선택하고, 세제류 대신에 가급적 고체비누나 액체비누를 사용하는 것이 바람직하며, 세제 및 헹굼 보조제(린스)는 사용량을 최소화하여야 한다.

8.6.3 탈취제, 방향제, 공기청정제

탈취제나 방향제 속에는 2-메틸-4-이소티아졸린, 클로록실레놀, 메틸이소티아졸리논, 에틸렌글리콜, 제4급 암모늄염, 프탈레이트 등의 화학물질이 포함되어 있다. 탈취제 속에는 양이온 계면활성제(제4급 암모늄염)이 포함되어 있으며, 양이온 계면활성제는 세탁을 하더라도 섬유에 70% 정도 흡착되어 잔류하게 된다. 제품라벨에 '향료'라고 표시되고 있는데 하나의 향에는 적어도 5가지 이상의 화학물질이 포함되어 있으며, 탈취제를 뿌리거나 방향제 냄새를 맡는 과정에 호흡기를 통해 체내에 흡입된다.

2-메틸-4-이소티아졸린은 유독물질로 흡입시 건강에 치명적인 영향을 미칠 수 있는데, 들이마실 경우 호흡 곤란이나 폐렴, 신장이나 간에 독성을 줄 수 있다. 향이 오래 지속되도록 해주는 프탈레이트는 생식독성을 일으키는 환경호르몬으로 내분비계 장애 발생 우려가 있다.

탈취제, 방향제, 공기청정제는 사용을 자재하고, 옷을 입고 탈취제를 직접 분사하는 것은 금해야 한다. 부득이 자주 세탁하기 힘든 침구, 옷, 소파 등에 사용할 경우 마스크를 착용 후 사용하고, 사용 전후에 반드시 30분 이상 실내 환기를 하여야 한다.

8.6.4 손 세정제, 손 소독제

손 세정제에 사용되는 화학물질로는 메틸클로로 이소치아졸리논 (CMIT), 메틸 이소치아졸리논 (MIT), 메틸 파라벤, 화학 계면활성제, 트리클로산 등이 있다. 트리클로산은 항균제로 널리 사용되고 있다. 항균 비누, 항균 플라스틱과 같은 항균 제품, 그리고 치약과 화장품에 사용된다. 트리클로산은 지방에 잘 녹는 성질이 있어서 지방조직에 쉽게 축적되므로 모유를 통해 아이에게 전달 될 수도 있다. 갑상선 호르몬을 방해하는 내분비계교란 물질 (환경호르몬)로 알려져 있으며, 수돗물 속의 염소와 반응하여 다이옥산을 생성하기도 한다.

트리클로산은 오랜 기간 사용할 경우 세균의 내성을 키워 슈퍼박테리아 증가의 주요 원인이 될 수 있다는 연구결과도 있다. 스프레이나 에어로졸 형태의 손소독제의 경우 호흡을 통해 인체 흡입 및 피부에 흡수될 수 있다. 건강에 미치는 영향으로는 유방암, 갑상선 기능과 호르몬 방해 및 불임 가능성이 있다.

스프레이나 에어로졸 형태의 손소독제 사용을 피한다. 손을 씻을 때는 향균제를 사용할 필요 없이 흐르는 물에 물과 비누를 이용하여 손을 충분히 세정하면 된다. 항균제품 세정제를 사용했을 경우 반드시 손을 물로 충분히 행구도록 한다.

8.6.5 물티슈

유통기한이 긴 물티슈에는 세균증식을 억제하기 위하여 방부제 및 살균제가 다량 포함되어 있다. 물티슈로 얼굴이나 입 주변을 닦을 경우 유해화학물질이 입과 코, 피부를 통해 인체에 흡입된다. 건강에 미치는 영향으로는 피부자극, 발진, 접촉성 피부염, 알레르기 반응을 일으킬 수 있으며, 호르몬 작용을 방해하여 내분비계 장애를 초래할 가능성이 있다. 유해화학물질이 함유된 제품을 사용했을 때에는 성분이 남지 않도록 여러 번 물로 세척 한다. 물티슈는 되도록 청소용이나 세척용으로 사용하고 가급적 피부 접촉을 자제하며, 부득이 피부에 사용 시 손을 닦는 데만 사용하고 얼굴과 입 근처는 사용을 피해야 한다.

8.6.6 과불화 화합물

과불화 화합물은 고온에도 안정한 특성 때문에 방염, 방수 코팅제로 사용된다. 프라이팬에 음식이 눌러 붙지 않도록 씌워진 코팅, 걸레로 한 번만 닦아주면 깨끗해지는 오염방지 카펫, 방수 등산복 등에 사용된다. 피자, 패스트푸드 포장지 코팅에도 사용되고 있다. 환경호르몬으로 알려져 있으며 장기간 체내에 잔류하고, 자연 상태에서도 잘 분해되지 않아 위험성이 높은 물질이다. 퍼플루오로 옥타노익산(Perfluorooctanoic acid, PFOA)과 같은 과불화 화합물은 2015년부터 미국에서 전면적으로 사용이 금지되었으며, 세계적으로도 그 규제가 점차 강화되고 있는 물질이다.

8.6.7 화장품과 파라벤

파라벤은 화장품이나 의약품 등의 방부제로 사용되는 화학물질이다. 샴푸, 린스, 로션, 모발 제품, 치약까지 대부분의 화장품에서 사용되고 일부 종류는 식품첨가물로도 사용되고 있다. 파라벤은 피부의 알레르기 반응을 유발 할 수 있을 뿐 아니라, 호르몬과 유사한 작용을 하거나 호르몬의 작용을 방해하는 내분비계 장애물질 (환경호르몬)으로 알려져 있다. 특히 여성호르몬인 에스트로겐과 유사한 역할을 하는 것으로 보고되어 있다. 또한 유방암 조직에서 파라벤이 검출된 연구 결과로 인하여 암과의 상관성에 대한 논란도 계속되고 있어 화장품 사용이 많은 여성일수록 주의해야만 한다.

8.6.8 영수증과 비스페놀A

비스페놀A는 폴리카보네이트라는 플라스틱의 원료로 사용되며, 식품포장재·캔·병마개 등의 에폭시 코팅으로도 사용된다. 하루에도 몇 번씩 만지게 되는 영수증, 은행의 순번대기표와 같은 감열지에 사용되고 있다. 폴리카보네이트는 딱딱하고 투명한 성질 때문에 가정용 식품 용기나 물병, 젖병 등에도 사용되고 있어 제품 사용에 주의가 필요하다. 비스페놀A는 여성호르몬인 에스트로겐과 유사작용을 하는 환경호르몬으로 정자수를 감소시킨다는 보고가 있다. 또한 사춘기를 촉진하고 어린이 행동 장애에 영향을 미칠 수 있다는 연구결과들이 나오고 있어 어린이들이 특히 조심해야 한다.

8.6.9 가구와 포름알데히드

포름알데히드는 자극성 냄새가 나는 휘발성 유기화합물로 다른 화학물질과 쉽게 반응하기 때문에 매우 다양하게 사용된다. 가구·바닥재·벽지·페인트 등 인테리어나 건물 단열재와 같은 건축자재에 사용되어 새집증후군의 주요 원인으로 알려져 있다. 또한 매니큐어나 손톱 강화제, 헤어 제품과 같이 신체에 직접 닿는 제품에서도 사용되으로 주의하여야 한다. 포름알데히드는 대표적인 발암물질로 장기간 노출될 경우 호흡기의 암이나 백혈병을 유발할 수 있으며, 천식 등의 알레르기 질환에도 영향을 준다.

8.6.10 장난감과 중금속

중금속의 위험성에 대해서는 이미 많이 알려져 있지만 생활 속에서 중금속이 어떻게 사용되는지는 잘 알지 못하는 경우가 많다. 카드뮴, 크롬, 코발트, 납, 수은, 니켈 등의 중금속들은 목재 가공, 전자 제품, 페인트, 화장품이나 악세서리, 도자기까지 일상에서 다양하게 사용되고 있으니 주의가 필요하다. 중금속은 대부분 발암물질로 알려져 있으며 발달 독성을 일으키기도 한다. 또한 한번 체내에 들어오면 쉽게 배출되지 않아서 위험성이 더 크다. 놀이터 놀이기구의 페인트, 문방구 액세서리의 도금, 장난감 등과 같이 아이들 주변에 다양하게 중금속이 사용되고 있기에 주의가 필요하다.

8.7 생활 속 화학물질 피하는 방법

일상생활 속에서 화학물질 사용을 줄이기 위해서는 다음과 같은 여러 가지 사항들을 유의하여야 한다(출처 : 환경속의 화학물질, 환경부).

1. 플라스틱 대신 목재나 돌·면 등의 자연 소재를 사용 할 것
2. 합성섬유보다는 순면 직물로 된 옷과 침구를 사용할 것
3. 새 옷은 한 번 세탁한 후 사용하며, 드라이클리닝한 옷도 2~3일 정도 실외에서 충분히 말려줄 것

4. 방에 새 가구를 들여놓았을 때는 환기를 자주 할 것
5. TV는 2m 이상 떨어져서 시청할 것
6. 방향은 가급적 자연적인 소재를 사용할 것
7. 초강력 세제는 사용을 피할 것
8. 가스레인지의 배기가스를 철처히 환기할 것
9. 식기는 플라스틱 대신 도자기, 유리 등의 천연소재를 사용할 것

제 9 장 실내공기 오염

9.1 실내공기의 중요성

현대인은 하루 일과 중 90% 이상을 실내에서 생활하며, 매일 20-30kg 정도의 공기를 호흡하고 있다. 적절한 환기가 이루어지지 않는 고층건물이나 지하공간에서의 실내 공기오염은 날로 심화되어 가고 있다. 에너지 효율을 높이기 위하여 건물을 밀폐화시키고, 각종 화학물질을 이용한 건축자재의 사용이 늘어나면서 실내 공기의 오염은 점점 심각해 지고 있다. 실내공기의 오염은 실내공간에서 건축자재, 각종 생활용품, 실내거주자의 활동 등에 의해 발생하며, 실외 대기 중에서 유입되는 오염물질과, 곰팡이나 꽃가루 등 자연적으로 발생되는 오염물질에 의해서도 발생하기도 한다.

실내공기 중의 대표적인 오염물질의 종류는 포름알데하이드, 일산화탄소, 일산화질소, 석면, 라돈, 담배연기, 휘발성 유기화합물, 분진 등을 들 수 있다. 분진의 경우 총부유분진(TSP) 보다는 폐포까지 흡입되어 각종 호흡성 질환을 야기하는 호흡성 분진(RSP : Respirable suspended particulate)과 미세먼지 등이 건강에 더 해롭다. 실내공기 중에 포름알데히드나 VOC 등은 새집증후군을 일이키는 원인 물질로 알려져 있다.

적절한 환기나 청소가 안 된 실내의 공기는 실외 대기 보다 오염도가 높으며, 노약자, 주부, 어린이 등의 건강에 미치는 영향은 매우 크다. 오염된 실내공기는 '새집 증후군(SHS : Sick House Syndrome)', '건물 증후군(SBS : SickBuilding Syndrome)', '복합 화학물질 과민증(MCS : Multiple Chemical Sensitivity)' 등의 다양한 건강장애를 유발한다. 새집증후군은 아토피성 피부염, 아토피성 천식과 비염이 대표적인 증상이다.

미국 환경청(EPA)은 실내공기 오염의 심각성과 인체위해성에 대한 사람들의 무관심을 경고하였으며 가장 시급히 처리해야 할 환경문제 중 하나라고 발표하였다. 미국 환경청은 현대인의 건강을 위협하는 5대 요인 중에 하나가 실내공기라고 규정 하였다. 세계보건기구(WHO)는 대기오염에 의한 사망자 수는 연간 최대 600만 명이며 실내공기오염에 의한 사망자는 280만 명에 이르고, 실내 오염물질이 실외 오염물질보다 폐에 전달될 확률은 약 천배 높다고 추정하였다. 또한 WHO는 2000년도에 실내공기를 단순한 '매체관리' 차원에서 벗어나 '인간의 기본권' 차원에서 다룰 것을 요구하며 '건강한 실내공기에 대한 권리(The Right to Healthy Indoor Air)'라는 선언문을 채택 하였다.

우리나라의 새집의 경우 대부분 건강 기준치 보다 실내 오염물질이 높게 나타나 이를 관리하기 위하여 신축공동 주택에 대한 실내공기질 관리법을 2005년부터 시행하고 있다. 규제 대상 오염물질은 미세먼지, 포름알데히드, 일산화탄소, 이산화탄소, 부유세균 등이다.

9.2 실내공기오염의 원인물질

실내공기 내 오염물질은 크게 사람활동, 건축자재 및 가구, 외부오염물질 유입에 기인하여 발생된다. 복잡하고 밀폐된 실내공간에서 사람이 활동하거나 각종 물품을 이용하면서 다양한 오염물질 발생한다. 가스·석유 보일러 등 난방이나 가스레인지 등을 사용할때 일산화탄소, 이산화질소 등이 발생한다. 의류, 화장품, 스프레이 제품, 방충제, 세정제, 연소기구, 흡연 등에 기인하기도 한다. 실내에서 키우는 애완동물의 털이나 배설물, 침 등은 알레르기, 천식 등을 일으킬 수 있으며, 음식물 쓰레기에서도 악취와 함께 세균 등의 미생물이 발생한다. 특히 담배는 연소과정에서 부유분진, 타르, 니코틴, 일산화탄소, 포름알데히드 등 수 천여 종의 오염물질을 발생시킨다고 알려져 있다.

살충제, 스프레이, 방향제, 세정제 등도 휘발성 유기화합물 등이 함유되어 있으므로 과도하게 사용하면 실내공기를 오염시킬 수 있다. 또한 플라스틱으로 된 일부 장난감에서도 어린이에게 유해한 오염물질이 함유된 것으로 알려져 있다. 쇼파나 카페트 등도 관리가 소홀하면 진드기, 곰팡이 등이 발생한다. 책이나 신문에도 표백제, 포름알데히드, 톨루엔 등 오염물질이 함유되어 있다.

다중이용시설, 공동주택 등 대규모 시설물의 공급 증가에 따른 건축자재 생산량의 증가와 함께 기능성·생산성 향상을 위하여 복합화학물질 사용량도 크게 증가하고 있다. 벽지, 바닥재, 단열재, 접착제, 페인트, 장식재 등의 건축자재에서 포름알데하이드, 휘발성 유기화합물과 같은 다양한 유해물질이 방출되어 실내공기를 오염시키게 된다.

사무기기, 합판류, 바닥 장식재, 목재, 벽지 등과 같은 건축자재 및 가구 등에서 포름알데히드, 휘발성 유기화합물 등 다양한 유해물질이 방출된다. 우리가 흔히 쓰고 있는 가구, TV·청소기·컴퓨터 등 전자제품에서도 오염물질이 발생할 수 있다. 가구는 방부제나 접착제 등 사용하는 소재에 따라 포름알데히드, 휘발성 유기화합물 등이, 전자제품은 휘발성 유기화합물과 오존 등이 방출되어 실내공기를 오염시킬 수 있다.

대도시의 경우 자동차 배기가스 등 오염된 대기가 실내로 유입되어 실내공기 오염을 가중시킬 수 있으므로 실내공기는 대기와도 매우 밀접한 관계가 있다. 실내로 유입되는 난방가스, 공사장 비산먼지 등도 실내공기를 오염시킬 수 있으며, 황사와 미세먼지의 증가로 인해 호흡기 질환 및 눈병을 유발할 수 있다.

표 9-1 실내공기 오염물질의 발생원과 인체 영향

오 염 물 질	발 생 원	인 체 영 향
분 진	대기중 분진의 실내유입 실내바닥의 먼지, 담배재 등	규폐증, 진폐증, 탄폐증, 석면폐증 등
담배연기(분진 각종가스, 니코틴 등)	담배, 권련, 파이프 담배 등	두통, 피로감, 기관지염, 폐렴, 기관지천식, 폐암 등
연소가스 (CO, NO_2 ,SO_2 등)	각종 연료의 연소, 가스 렌지 등	만성폐질환, 기도저항 증가, 중추신경 영향
라 돈	흙 , 바위, 물, 지하수 화강암, 콘크리트 등	폐암 등
포름알데히드	합판, 보드, 가구, 단열재 (UFF1), 소취제, 담배연기 화장품, 옷감 등	점막자극, 기침, 설사, 구토, 구토, 피부질환, 비암, 정서불안정, 기억력상실 등
석 면	단열재, 절연재, 석면타일 석면브레이크, 방열재 등	피부질환, 호흡기질환, 폐암, 석면종, 중피종, 편평상피 등
미생물성 물질(곰팡이 박테리아, 꽃가루)	가습기, 냉방장치, 냉장고, 애완동물, 해충, 인간 등	알레르기성 질환, 호흡기 질환 등
유기용제 (에스테르 케톤, 알데히드 등)	페인트, 접착제, 스프레이 연소과정, 세탁소, 의복 방향제, 건축자재, 왁스 등	피로감, 정신착란, 두통, 구역 현기증, 중추신경억제작용 등
악 취	외부 악취의 실내 유입 담배의 흡연 등	식욕감퇴, 구토, 불면, 알레르기, 정신신경증 등

출처 : 실내공간 오염, 환경부

주요 실내공기 오염물질로는 일산화탄소(CO), 이산화탄소(CO_2), 이산화질소(NO_2), 오존(O_3), 미세먼지(PM10), 중금속, 석면, 벤젠, 톨루엔, 크실렌과 같은 휘발성유기화합물(VOCs), 포름알데히드(HCHO), 미생물성 물질(microbic substance), 라돈 등이 있다. 도시의 실내공기를 분석해 보면 포름알데히드(formaldehyde), BTX (benzene, toluene, xylene) 등 300-400여 가지의 휘발성 유기화합물(VOC)이 검출되기도 한다.

9.2.1 포름알데하이드

포름알데하이드(Formaldehyde)는 자극성이 강한 냄새를 가진 무색의 기체이며, 물에 잘 녹고 40%의 수용액은 포르말린이라 하며 살균 방부제로 이용된다. 화학식은 HCHO이며, 1859년 러시아의 화학자 알렉산드로 부들레로프가 발견하였다. 다른 화학물질과 쉽게 반응하기 때문에 합성수지의 원료로 사용되고 각종 플라스틱제품이나 전자제품, 장난감 등에 사용되며 가구의 접착제, 건물의 단열재, 바닥재 및 건축자재, 아교 등 건축물 자재에 사용된다.

주요 발생원은 포르말린 제조, 합판 제조, 소각로, 천연가스 연소시설, 자동차 매연 등 매우 광범위하다. 실내에서 단열재, 실내가구, 합판 및 보드판, 도색, 흡연 등에서 발생하며 새집증후군의 원인물질 가운데 하나이다. 건축물에서 방출되는 기간은 4.4년으로 추정되고 있다. 일부 섬유유연제에서 검출된 사례가 있으며 화장품의 경우 방부제 용도로 첨가되기도 한다. 포름알데하이드는 유리섬유 제품 등에서도 방출되며, 매니큐어나 에나멜 등 손톱 경화제가 마르는 동안 고농도로 방출될 수 있다. 포름알데하이드를 물에 용해한 포르말린은 살충제, 살균제, 가정용품의 방부제로 사용되기도 한다.

포름알데하이드에 의한 흡입 노출은 저농도에서도 기도 자극과 천식, 눈의 자극을 일으키며, 짧은 기간 동안 높은 농도로 노출되면 구토, 설사 같은 증상이 나타날 수 있다. 장기간 노출 될 경우 코나 목을 포함한 호흡기계 암 등을 유발할 수 있고, 위염을 일으킬 수도 있다. 동물실험에서는 철분이 결핍될 경우 포름알데하이드 흡입을 통해 태아의 기형 발생이 나타나는 것으로 보고되었다. 포름알데하이드는 미국 EPA(환경보호청)에서 사람에게 암을 일으킬 가능성이 있는 물질로 분류되고 있으며, 세계보건기구(WHO)의 국제암연구소(IARC)에서는 인체발암성이 분명한 물질[Group 1]로 분류하고 있다.

표 9-2 포름알데히드의 실내 방출원

구 분	방 출 원
제지 제품	식료품 가방, 기름종이, 고급화장지, 일회용 위생제품
주름방지제	바닥덮개(융단, 리놀륨, 바니시, 플라스틱 제품),
방수가공제	카펫, 접착식 바인더, 화재 지연재, 프레스가공 의복
단열재	우레아-포름알데히드 발포단열재
연소기구	천연가스, 등유, 담배
압축 목재제품	합판, 칩보드, 장식판넬벽
기타	화장품, 샴푸, 섬유염료, 잉크, 살균제

출처 : 실내공기질 공정시험방법 도출 연구, 국립환경연구원 2004. 2

9.2.2 휘발성 유기화합물

휘발성 유기화합물이란 증기압이 높아 상온에서 대기 중으로 쉽게 증발되는 액체 또는 기체상태의 유기화합물을 총칭하여 일컫는 말로서 영어로는 VOC(volatile organic compounds)라고 한다. 휘발성 유기화합물은 증기압에 따라 volatile, semi-volatile, non-volatile로 구분할 수 있다. 벤젠, 톨루엔, 포름알데하이드, 아세트 알데하이드 등이 휘발성 유기화합물에 속하는 물질들이다.

휘발성유기화합물들은 대기 중으로 증발되어 오존 등 광화학 산화성 물질을 생성시켜 대기오염을 일으킬 뿐만 아니라 실내공기를 오염시키는 물질로 알려져 있다. 피부 접촉 또는 흡입을 통해 신경계 장애 또는 암 유발 등 유해한 물질이기도 하다. 휘발성 유기화합물은 주로 석유화학 정유 도료 도장공장의 제조와 저장과정, 자동차 배기가스, 페인트나 접착제 등 건축자재, 주유소의 저장탱크 등에서 발생한다. 가정에서는 페인트나 새 가구, 드라이 클리닝한 세탁물 등에서 주로 발생한다.

표 9-3 휘발성 유기화합물의 주요 발생원

	화 합 물	주요 발생원
휘발성 화합물 (VOC)	벤젠	흡연, 자동차 배기가스, 간접 흡연
	테드라 클로로 메틸렌	드라이클리닝된 의복
	P-디클로로 벤젠 클로로포름 메틸렌 크로라이드	실내 방취제 의복세탁, 식기세척 페인트 제거용제
	방향족 탄화수소 (톨루엔, 자일렌, 에틸벤젠) 테프렌(리모네,a-피넨)	페인트, 접착제, 휘발유, 연소제 방향성 방취제, 광택제, 직물류, 섬유 유연제, 담배, 식품과 음료
준 휘발성 화합물	Chlordance 폴리염화비페닐(PCBs) 폴리 시클로 방향족 탄화수소 PAHs)	개미 살충제 변압기, 형광등안정기 연소 부산물 (흡연, 목재연소, 등유난방기)

9.2.3. 석면 (Asbestos)

석면은 영어로 asbestos라고 하는데 이 말은 그리스어로 '불멸의 물질'이라는 의미를 가지고 있다. 석면은 규산화합물로 기본구조는 SiO_4이다. 석면이란 주로 사문암을 채광하여 가공한 광물 섬유이며, 열에 대한 저항력이 강하며 마찰에 강한 내마모성 때문에 건축자재, 단열재, 방화재, 절연재, 보온재, 전해막 용재, 브레이크 패드 등으로 다양한 분야에서 사용되었다.

국내의 경우 전체 석면의 80~90%가 건축자재로 사용되었는데 주로 건물의 바닥 타일, 벽을 구성하고 있는 석고 및 천정 타일 등에 사용되었다. 건물 안 복도 또는 사무실 천장에 시공하는 소음 방지용 자제, 화장실 칸막이용 자재, 그리고 70년대 이후 농어촌 지역의 지붕개량 사업으로 사용된 슬레이트가 석면이 들어간 주요 제품에 속한다. 거리를 돌아다니는 자동차의 브레이크 라이닝과 브레이크 패드 등 자동차 제동장치와 관련된 제품에도 석면이 있을 수 있다. 조선소에서 용접할 때 이용하는 석면포, 보일러 배관 등에도 석면이 사용되어 왔다.

사람의 폐에 남아 있는 섬유는 길이는 5㎛이하, 직경 2.5㎛이하가 대부분을 차지한다. 석면섬유는 직경이 0.01~0.05㎛로서 매우 작고(머리카락 직경의 1/700 크기) 무게가 가벼워 한번 공기 중에 비산되면 수 시간에서 길게는 24시간동안 공기 중에 날아다니기도 한다. 공기 중의 석면은 호흡을 통해 인체 내로 들어올 수 있으며, 석면섬유의 튼튼한 물질 특성으로 인해 평생 몸 안에 머물면서 조직과 염색체를 손상시켜 치명적인 질병을 유발할 위험이 있다.

호흡을 통하여 석면가루를 마시면 폐암이나 폐증, 늑막이나 흉막에 악성종양(석면중피종)을 유발할 수 있는 물질로 밝혀져 WHO 산하의 국제암연구소(IARC)에서 1급 발암물질로 지정하였다. 우리나라에서도 청석면, 백석면 등을 취급금지·제한 물질로 지정하여 규제하고 있다.

석면으로 인하여 나타나는 질병으로는 폐암, 악성중피종(석면 섬유가 늑막이나 복막을 뚫고 침투해 발생하는 질환) 및 석면폐증(석면 섬유가 폐포에 침착이 되어 염증반응이 일어나 딱딱하게 굳어지는 폐섬유화 증상) 등이 대표적이다. 한편 석면으로 인한 질병 발생은 잠복기가 상당히 길어서 질병을 일으키는데 짧게는 10년, 길게는 30~40년이 걸릴 수 있다. 석면광산·공장, 석면 또는 석면함유 물질의 해체·제거 작업 등에 종사하는 근로자들이 직접 노출되는 직업적 노출뿐만 아니라 석면함유 물질 취급 근로자의 옷에 붙은 석면 분진에 의해 근로자 가족이 노출되는 경우가 있다. 석면이 함유된 가전제품의 파손이나 석면이 함유된 건축자재에서 지속적으로 분진이 발생됨으로써 노출될 수 있다.

피해 예방법으로는 가능하면 건물 해체 현장 주위로 다니지 않는다. 신규 건축보다는 기존 건축물의 철거, 해체, 리모델링 시 석면의 비산 가능성이 높다. 따라서 해당 건물의 출입을 삼가하거나 재건축단지, 리모델링 공사장 주위를 가능한 한 피해서 생활한다.

9.2.4 가스레인지 연소 가스

가스레인지(gas range)를 사용하면 실내환경에서도 이산화질소가 발생된다. 국내 대부분의 주택에서는 취사·난방용으로 가스레인지를 사용하고 있으며, 음식점 등에서도 휴대용 가스레인지가 광범위하게 사용되고 있다. 상대적으로 값이 저렴하고 깨끗한 에너지로 알고 있는 가스사용(가스레인지)은 연소에 의해 공기 중 질소와 산소가 반응하여 이산화질소를 발생시키고 있다.

가스렌지 사용시에 이산화질소(NO_2), 미세입자, 일산화탄소(CO), 이산화탄소(CO_2), 휘발성 유기화합물(VOCs) 등이 발생할 수 있기 때문에 특히 취사를 주로 담당하는 주부들의 건강에 나쁜 영향을 줄 수 있다. 이산화질소는 호흡기를 자극하여 기침, 호흡곤란, 흉통, 폐부종 등의 증상을 일으킨다.

9.2.5 복사기 및 레이저 프린터와 오존

사무실의 공기질에 나쁜 영향을 줄 수 있는 여러 가지 유해물질의 발생원이 될 수 있는 사무기기 종류로는 복사기, 레이저 프린터, 일부 공기청정기, 컴퓨터 및 모니터 등을 들 수 있다. 이들 중 복사기와 레이저프린터와 같이 고전압을 활용하는 사무기기는 오존 및 오존 산화물, 초미세 먼지, 휘발성 유기화합물(VOCs) 및 전하를 띤 에어로졸 등을 발생시킨다. 사람에게 노출되는 오존의 절반 이상은 실내에서 발생되는 것으로 나타났다. 일부 공기청정기에서도 오존이 발생되는 것으로 알려져 있다. 이 밖에 컴퓨터 및 모니터는 물리적 유해인자인 전자파, 소음 및 열(熱) 등의 오염원이 될 수 있다.

대표적인 유해물질인 오존은 산소 원자 3개로 이루어진 산소의 동소체(한 종류의 원소로 이루어졌으나 그 성질이 다른 물질이 존재할 때, 이 형태를 이르는 말)로서 호흡기계 질환, 천식 등을 유발하거나 악화시킨다. 미국의 통계를 조사한 결과, 매일 오존 및 오존산화물의 농도가 10ppb 증가할 때마다 사망률이 0.87% 증가하였다. 복사기나 레이저프린터 등은 입경이 0.1μm 이하인 초미세먼지를 발생시킨다고 알려져 있다. 또 전하를 띤 에어로졸을 발생시키는데, 전하를 띤 에어로졸은 호흡기 내벽이나 피부에 침착될 확률이 높아져서 건강에 악영향을 줄 수 있다.

9.2.6 라돈, 살충제

라돈은 라듐원자의 방사성 붕괴에 의해 생성되는 무색, 무취의 기체로써 액화되어도 색을 띠지 않으며, 공기보다 8배 무거운 물리적 특성을 갖고 있어 지하공간에서 심각한 문제를 일으킨다. 지구상에 존재하는 라듐은 암석, 침전층, 토양속에 널리 존재한다. 라돈은 지구상에서 발견된 약 70여 가지의 자연방사능 물질의 하나로 사람이 흡입하기 가장 쉬운 가스상 물질로 4pCi/L(피코큐리/L)의 농도에 일생동안 사람이 노출될 경우 폐암으로 사망할 위험율이 약 1-2% 증가한다.

가정용 살충제에 흔히 사용되는 피레스로이드(pyrethroid)계 화합물은 농도에 따라 인간에게 독성을 유발할 수 있다. 다량 노출되었을 때 두통, 메스꺼움, 현기증 및 심한 경우 혈압상승, 폐수종, 전신경련 등을 일으킬 우려가 있다. 세척제나 살균제 등에는 다양한 화학물질이 함유되어 있다. 따라서 사용 시 항상 주의가 필요하다. 최근에 가습기 살균제에 의하여 다수가 희생되어 사회적으로 큰 충격을 주고 있다.

9.3 실내공기오염과 질병

실내 공기내 오염물질은 건물병 증후군(SBS : Sick Building Syndrome) 및 화학물질 과민증(MCS : Multi-Chemical Sensitivity)을 유발시켜 인간에게 신체적 정신적 고통을 주거나 위해요소로 작용한다. 건물병증후군(SBS : Sick Building Syndrome)이란 건물 내 실내 공기 오염으로 인하여 코, 눈, 목의 건조, 통증, 재채기, 코막힘, 피부 발진, 메스꺼움, 만성피로 또는 무기력, 두통, 구토, 건망증 등 입주자들이 느끼는 건강 이상 증상을 말한다. 주로 새로 지은 건물에서 많이 발생되기 때문에 흔히 말하는 새집증후군과 유사하다. 또한 부적절한 냉·난방 시스템 및 배기·환기시설을 갖춘 건물에서도 자주 나타난다. SBS를 유발하는 주요 요인으로는 포름알데하이드, 톨루엔 등 공기 중으로 휘발되는 화학물질들과 곰팡이에서 발생하는 오염물질 등이 있다.

새 집에서 주로 건축자재로부터 방출되는 오염물질에 의하여 영향을 받는 것을 새집증후군(SHS : Sick House Syndrome)이라고 한다. 새집증후군이란 집이나 건물을 새로 지을 때 사용하는 건축자재나 벽지 등에서 나오는 유해물질로 인해 거주자들이 두통과 알레르기, 무기력, 피부 발진 등의 여러 가지 건강상 이상 증상을 겪게 되는 것을 말한다. 목이 답답하고 눈이 따갑고 기침이 나오는 등의 화학물질 과민증과 동시에 나타나기도 하며, 이 상태가 지속되면 알레르기성 비염, 천식 등으로 증세가 악화되기도 한다.

새집증후군의 대표적인 원인물질로는 실내의 벽지, 커튼, 페인트, 접착제, 건축자재, 가구, 마루 재료 등에서 발생되는 벤젠, 톨루엔, 자일렌 등의 휘발성 유기화합물 등이 있다. 지속적으로 노출되면 기관지염, 천식, 알레르기 비염, 호흡기질환을 유발한다. 포름알데하이드도 주요 원인물질이 되는데 이 오염물질은 간, 신장, 신경조직에 영향을 주며 두통, 비염, 기침, 피로를 유발하며, 특히 어린이의 경우 낮은 농도에서도 영향을 줄 수 있어 주의가 필요하다.

새집증후군의 피해를 줄이기 위해서는 화학물질을 함유하고 있는 마감재 대신 친환경 소재를 사용해야 한다. 또한 새집으로 이사를 갈 경우에는 보일러 등으로 실내 온도를 높인 후 환기를 시켜 유해오염물질이 밖으로 빠져나가게 하는 베이크 아웃(bake-out)을 하는 것이 좋다. 베이크 아웃이 완료된 후에도 일정기간(최소 6개월 이상)동안 적극적으로 환기를 시켜야 한다.

일반적으로 새집 완공 후 3년 동안은 지속적으로 오염물질이 방출될 수 있으며, 6년까지도 적은 농도이지만 유해오염물질이 방출되는 것으로 알려져 있다. 따라서 지속적인 환기를 자주하여 실내의 오염물질을 내보내고, 동시에 공기정화를 위한 용품들을 사용하는 것도 고려해 보도록 한다.

헌집증후군이란 지은 지 오래된 집에 존재하는 유해요인들이 사람의 건강에 나쁜 영향을 나타내는 현상을 말하며, 영어로는 보통 Sick house syndrome 이라고 한다. 헌집증후군을 유발하는 유해요인으로는 집 안에 숨어있는 곰팡이와 세균, 배수관 악취, 유해곤충의 알레르기 유발물질(알레르겐) 등이 있으며, 증상으로는 피부질환, 호흡기질환, 알레르기성 질환 또는 피로감 등이 나타난다.

복합 화학물질 과민증(MCS: Multiple Chmical Sensitivity)이란, 저농도의 화학물질에 반복 노출로 면역계가 과민상태로 되어, 매우 미량의 종류의 화학물질에 대해서도 두드러기, 구토 등의 과민 증상을 나타내는 증상을 말한다. 살충제, 향수, 세정용품, 위생제품, 화장품 등에서 배출되는 여러 화학물질 때문에 생기는 것으로, 피로, 두통, 어지러움, 졸림과 피로, 감기와 같은 증상, 불규칙하거나 빠른 심장 박동 등 화학물질에 대한 과민 반응이 나타난다.

9.4 실내공기오염을 줄이는 방법

9.4.1 베이크 아웃 (Bake out)

신축이나 개·보수한 건물에서는 마감재와 구조재 등 건축자재로부터 오염물질이 많이 발생되므로 이를 제거하는 방법으로 '베이크 아웃'이라는 환기방법이 있다. 실내공기의 온도를 높여주어 건축자재 등에서 방출되는 유해오염물질의 방출량을 증가시킨 후 환기를 하여 실내오염물질을 제거하는 방법이다. 외부공기의 유입을 막기 위해 창문 등은 닫은 상태에서 온도를 30~40℃로 설정하여 5~6시간 동안 난방한 후 모든 문을 열어 환기시킨다. 일주일 이상 반복적으로 실시하면 실내오염물질의 농도를 많이 낮출 수가 있다. 베이크아웃을 하는 동안 건물내에 가급적 출입하지 않도록 하며, 베이크아웃 이후에도 일정기간 동안 주기적으로 환기를 계속하여야 한다.

9.4.2 적극적인 환기

실내공기 오염은 그 원인별로 대처방법이 다양하나, 가장 중요한 관리방법은 환기를 열심히 하는 것이다. 충분한 환기는 건강하고 쾌적한 생활을 위해서 필수적일 뿐만 아니라 가장 경제적이고 효과적인 방법이다. 환기는 적어도 하루에 2~3차례 이상 해주는 것이 좋다. 봄·여름·가을에는 창을 항상 5~20㎝ 정도 열어 놓는 것이 좋다. 겨울철에는 창문 등을 2~3시간 주기로 5분정도 개방하는 것이 좋다.

9.4.3 오염물질 발생의 최소화

애완동물은 목욕, 배설물 처리 등 항상 깨끗하게 하여야 하며 가능한 실외에서 키우는 것이 바람직하다. 살충제, 세정제, 스프레이 등 화학약품이 들어 있는 제품은 용기를 잘 밀봉하여 보관하여야 하며 권고된 양만큼 사용하여야 한다. 방향제, 세정제, 접착제, 얼룩제거제, 광택제, 부동액, 자동차용 유리세정액 등은 확실하게 밀봉하여 보관하여야 한다. 신문이나 음식물쓰레기는 장기간 실내에 두지 말고 즉시 처리하거나 실외에 두고 함부로 태우지 말아야 한다. 드라이 크리닝한 옷은 2-3일 정도 바깥에서 충분히 통풍시킨 다음에 보관하여야 한다.

제10장 식품첨가물

10.1 식품첨가물의 정의

일반적으로, 식품첨가물이라 함은 식품의 품질을 개량하여, 보존성 또는 기호성을 향상시킬 뿐만 아니라, 영양가 및 식품의 실질적인 가치를 증진시킬 목적으로 식품 본래의 성분 이외에 (의도적으로) 첨가되는 물질을 말한다. 우리나라 식품위생법 제 2조에서 식품첨가물은 "식품의 제조, 가공 또는 보존을 함에 있어서 식품에 첨가, 혼합, 침윤 또는 기타의 방법에 의하여 사용되는 물질(기구 및 용기·포장의 살균·소독의 목적으로 사용되어 간접적으로 식품에 이행될 수 있는 물질을 포함)"이라고 정의하고 있다. 유엔식량농업기구(FAO)와 세계보건기구(WHO) 산하의 식품첨가물 전문가 위원회(JECFA)는 식품첨가물을 "식품의 외관, 향미, 조직감 또는 저장성을 향상시키기 위해서 식품에 보통 미량으로 첨가되는 비영양성 물질"이라고 정의 하고 있다.

식품첨가물의 용도별 종류를 <표 10-1>에 간단하게 정리하였다. 식품첨가물은 소비자의 식생활에 긍정적인 기여를 하고 있지만, 한편으로는 안전성 측면에서 계속적으로 논란의 대상이 되고 있다.

일반적으로 식품첨가물의 구비조건은 다음과 같다.

- 인체에 유해한 영향을 미치지 않을 것
- 사용목적에 따른 효과를 소량으로도 충분히 나타낼 것
- 식품의 제조가공에 필수불가결할 것
- 식품의 영양가를 유지할 것
- 식품에 나쁜 이화학적 변화를 주지 않을 것
- 식품의 화학분석 등에 의하여 그 첨가물을 확인할 수 있을 것
- 식품의 미관을 좋게 할 것
- 식품을 소비자에게 이롭게 할 것

표 10-1 식품첨가물의 용도별 종류

용 도	식품첨가물의 종류
식품의 기호성, 관능성 향상	착색료, 표백제, 조미료, (정미료, 감미료, 산미료), 착향료
식품의 변질 방지	보존료, 살균제, 산화방지제, 피막제
식품의 영양 강화	강화제
식품의 품질 개량 및 유지	품질개량제, 밀가루 개량제, 호료, 유화제, 품질유지제
식품제조 가공에 필요	팽창제, 껌 기초제, 용제, 추출제, 이형제, 소포제, 식품제조용 첨가제

10.2 식품첨가물 생산현황

1962년 국내에서 270종류의 화학적 합성품이 식품첨가물로 지정되었다. 2005년 화학적 합성품 418품목, 천연첨가물 200품목, 혼합제제류 7품목 등, 총 621 품목이 식품첨가물로 지정되었다. 620여 가지의 식품첨가물 속에는 2,700여 종류의 화학물질이 포함되어 있다. 식품의약품안전청에 따르면 2005년 식품첨가물 생산량은 154만 6,000톤에 달하고 있다.

식약청은 식품에 대한 소비자 알권리를 강화하고 국제적인 표시기준에 맞추기 위해 식품에 사용된 원재료나 성분을 모두 표시하는 것으로 개정하여 2006년부터 시행하고 있다. 국민들이 크게 관심을 가지고 있는 합성감미료, 합성착색료, 합성보존료, 산화방지제 및 표백제 등의 용도로 사용되는 식품첨가물 71품목에 대해서는 명칭과 용도를 사용량에 관계없이 반드시 표시토록 하고 있다.

우리나라 식품첨가물 공전에는 식품첨가물의 용도가 명시되어 있지 않으나, Codex (Codex Alimentarius Commission, 국제식품규격위원회)에서는 <표 10-2>와 같이 식품첨가물의 용도를 산미료, 산도조절제, 고결방지제, 소포제, 산화방지제, 증량제, 착색료, 색도유지제, 유화제, 유화염, 연화방지제, 향미증진제, 밀가루개량제, 기포제, 겔형성제, 피막제, 습윤제, 보존료, 충전제, 팽창제, 안정제, 감미료, 증점제 등 23개로 분류하고 있다.

표 10-2 **식품첨가물의 용도별 분류**

용 도	정 의	대표적인 식품첨가물
산미료	식품에 신맛을 부가하거나 산도를 증가시키는 것	구연산, 빙초산
산도 조절제	식품의 산도 또는 알칼리도를 변경시키거나 조절하는 것	수산화나트륨, 황산
소포제	거품이 생성되는 것을 방지하거나 감소시키는 것	규소수지
산화 방지제	지방의 산패와 색깔 변화와 같은 산화에 의한 품질 저하를 방지하여 식품의 저장 기간을 연장시키는 것	부틸하이드록시아니졸(BHA), 부틸히드록시톨루엔(BHT)
증량제	식품 자체의 열량에 영향을 주지 않으면서 식품의 용적에 기여하는 공기 또는 물 이외의 물질	프로필렌글리콜
착색료	식품에 색깔을 부여하거나 원래의 색깔을 다시 재현시키는 것	식용색소 녹색제3호
유화제	기름과 물처럼 식품에서 혼합될 수 없는 2가지 이상의 물질을 균일한 혼합물로 만들거나 이를 유지시켜 주는 것	글리세린지방산에스테르
향미 증진제	식품의 맛과 향을 강화시키는것	L-글루타민산, 천연카페인
밀가루 개량제	밀가루의 제빵 적성이나 색깔을 개량시키기 위해 밀가루에 첨가하는 물질	과산화벤조일
습윤제	습도가 낮은 공기에 의해 식품이 건조되는 것을 방지하는 것	글리세린
보존료	미생물에 의한 오염으로부터 식품을 보호하여 저장 기간을 연장시키는 것	소르빈산, 안식향산
충전제	식품 용기로부터 식품에 주입하는 공기 이외의 가스	이산화탄소, 질소
팽창제	가스를 방출함으로서 반죽의 부피를 증가시키는 물질 또는 이들 물질의 화합물	명반, D-주석산수소칼륨
안정제	식품 내에 섞을 수 없는 2가지 이상의 물질을 균일한 분산상으로 유지하게 만드는 것	피로인산나트륨
감미료	식품에 단맛을 주는 것으로, 설탕이 아닌 것	아스파탐, 소르비톨
표백제	색소를 파괴하여 흰 식품으로 만들거나 착색료로 착색하기 전에 표백하여 그 식품이 완성되었을 때 색을 아름답게 하기 위한 것	아황산나트륨
살균제	미생물을 단시간 내에 사멸시키는 작용을 하는 것	차아염소산나트륨
껌 기초제	껌에 적당한 점성과 탄력성을 가지게 하여 그 풍미를 유지하는 데 중요한 구실을 하는 것	에스테르검
영양 강화제	식품의 영양 강화를 목적으로 사용되는 것	황산동, 아스코르빈산
착향료	상온에서 휘발성이 있어서 특유한 방향을 느끼게 하여 식욕을 증진할 목적으로 식품에 첨가하는 물질	바닐린, 개미산게라닐

10.3 식품첨가물의 안전성 검사

10.3.1 일반 독성시험

(1) 급성독성 시험(1회 투여 독성시험)

시험물질을 한번만 투여(24시간 이내에 분할하여 투여하는 경우도 포함)한 후, 단기간에 나타나는 독성을 검사하는 시험을 말한다. 마우스나 흰쥐를 사용하여 경구 투여에 의한 50% 치사량(LD50)을 구한다. LD50은 원칙적으로 1주일 간의 관찰 결과에 의하여 얻은 값으로 한다. 경구투여에 의한 급성 독성증상은 원칙적으로 1~2주일 간에 걸쳐 관찰한다. 그리고 필요에 따라 토끼, 개, 원숭이를 사용하기도 한다.

(2) 아급성(단기)독성 시험

시험물질을 실험동물에 중/장기적(몇 주~몇 달)으로 반복 투여하여 독성을 검사하는 시험으로 실험동물은 일반적으로 마우스나 흰쥐 1종과 비설치류 1종을 선택하여 2종 이상 실시한다. 본 시험의 투여량을 결정하기 위하여 동물 수명의 1/10 기간 정도(흰쥐에 있어서는 약 1~3 개월)에 걸쳐 아급성 독성 시험을 실시하며, 만성 독성 시험은 보통 2년 동안 행한다. 필요한 경우 비설치류, 예를 들면 개 또는 원숭이를 사용한 아급성 독성 시험을 한다.

(3) 만성(장기)독성 시험(반복투여 시험)

아급성 독성과 유사하며, 실험기간이 길게 확장되어 동물 수명기간동안의 노출로부터 일어날 수 있는 독성을 확인하는데 이용한다.

10.3.2 특수 독성 시험법

(1) 발암성 시험 : 동물을 사용한 발암성 시험은 시험물질을 실험동물에 만성독성시험보다 오랜 기간 투여하여 암(종양)의 유발여부를 질적/양적으로 검사하는 방법이다.

(2) 생식독성 시험 : 시험물질이 생식기간의 성숙, 임신, 수정 및 태아의 성장,발달,

분만, 수유뿐만 아니라 후손의 행동 능기 발달 등을 포함한 생식 기능에 어떠한 영향을 미치는가에 대한 정보를 얻기 위한 동물실험을 말한다.

(3) 유전독성 시험 : 화학물질이 세포의 유전물질(DNA)에 직접 또는 간접적으로 영향을 끼쳐 돌연변이를 유발하는 것을 유전 독성이라 하는데, 시험물질의 돌연변이 유발여부를 검사하는 시험법이다.

(4) 발생독성 시험 : 태아의 기관 형성기 동안 임신모체에 약물을 투여하여 기형 유발 여부 및 차세대의 신체 발달, 반사 기능, 학습 기능 발달 등의 이상 유무를 확인하기 위한 시험법을 말한다.

10.3.3 허용량 및 사용량 설정

안전한 식품첨가물 섭취량의 기준으로 ADI (acceptable daily intake, 일일섭취허용량)가 사용된다. ADI는 일생 동안 매일 먹더라도 유해한 작용을 일으키지 않는 체중 1kg 당 1일 섭취허용량 (mg/kg 체중/1일)으로 정의 된다. 1일섭취허용량은 식품첨가물을 안전하게 사용하기 위한 지표가 되는 것으로 인간이 식품첨가물을 일생동안 매일 섭취해도 아무런 영향을 받지 않는 섭취량을 말한다.

1일섭취허용량(ADI)은 실험동물을 이용한 독성시험결과를 토대로 설정된다. 동물실험에 의해 얻어진 독성시험 결과로부터 무독성량을 구할 수 있는데, 무독성량은 독성을 나타내지 않는 최대투여량으로, 동물실험을 통해 얻어진 이값을 그대로 사람에게 적용할 수는 없다. 그래서 동물실험의 결과를 인간에게 적용하기 위해 안전계수가 이용된다. 안전계수란 실험동물에서 실시한 독성시험의 결과를 인간에게 적용할 경우에 사용하는 경험치로, 일반적으로 동물과 인간과의 종간의 차를 10배, 개개인의 차를 10배라고 생각하고 곱한 값 100배를 안전계수로 이용한다. 따라서 이를 이용하여 무독성량을 안전계수 100으로 나눈 값이 1일 섭취허용량(ADI)이다

1일1인 섭취허용량(ADI, mg/capita/day) = 동물 안전량/100 * 체중(kg)

쥐에 대한 실험결과 동물 안전량이 250 mg/kg/rat/day이라고 할때, 체 중 60kg인 사람의 경우, 1인1일 섭취허용량은 250 mg/100×60 kg = 1050 mg/capita/day 이 된다.

2009년 한국식품과학회 조사에 따르면, 1일 권장량은 10g, 1년간 4kg인데 비하여, 하루 약 70~80여 종류의 식품첨가물을 60g, 1년에 25kg을 섭취하고 있다고 한다.

10.4 식품첨가물의 위험성

10.4.1 방부제

방부제는 세균류의 성장을 억제하거나 방지하기 위해 식품에 첨가하는 화학물질을 말하며, 소르빈산 칼륨, 벤조산나트륨, 살리실산, 데히드로초산나트륨이 대표적인 물질이다. '소르빈산칼륨'은 음식물이 썩지 않고 오랫동안 둘 수 있도록 하는 방부제이다. 이것 역시 오랫동안 많이 먹으면 암을 일으킬 수 있다. 이것은 고기류의 가공식품에 많이 쓰이며, 음식에서 세균이 증식하는 것을 줄이거나 방지함으로써 보존 기간을 늘이기 위하여 모든 가공식품에 거의 예외 없이 사용되는 식품첨가물이다. 우리들의 식탁에서 자주 보는 햄, 소세지, 맛살, 생선묵 등에는 색깔을 내는 '아질산나트륨', 방부제인 '소르빈산칼륨', '피로피은나트륨' 등이 들어 있다.

방부제의 부작용으로는 체내 세포에 독성을 끼쳐 유전자 돌연변이 등을 통해 암을 유발할 수 있다. 아소산과 반응하여 중추신경마비, 출혈성 위염, 간에 악영향, 발암성, 염색체 이상, 눈, 피부 점막을 자극한다. 어묵 등의 제품은 2～3%의 과산화수소액을 순간적으로 사용해 표백 효과를 얻기도 한다. 식품 중의 과산화수소는 비교적 장기간 남아 있기 때문에 사용 기준을 정해 잔존량을 규정하고 있다.

10.4.2 감미료

당질을 제외한 감미를 가지고 있는 화학적 제품을 총칭해서 합성 감미료라고 한다. 이는 영양가는 거의 없으며, 많은 량을 섭취하면 인체에 유해하므로 특별한 경우를 제외하고는 사용하지 않는 것이 좋다. 둘신, 사이클레메이트, 사카린, 나트륨, 아스파탐 등이 있다.

천연물을 재결정하여 얻은 설탕도 과잉섭취하면 당뇨병, 심장장애 등 성인병을 일으키는 것으로 알려지고 있다. 인공감미료는 천연감미료인 설탕에 비하여 값이 싸고 갈변에 의한 식품의품질 변화를 최소화하며 감미도가 크기 때문에 그 사용이 급격히 증가하는 추세이다. 허가된 감미료로는 사카린나트륨(sodium saccharin), 아스파탐(aspartame), 스테비오사이드(stevioside), 아세설팜칼륨(acesulfame), 수크랄로스(sucralose), 글리실리진산 2 나트륨(disodium glycyrrhizinate), D-소르비톨(D-sorbitol), 자일리톨(xylitol), 락티톨(lactitol) 등이 있다.

사카린 나트륨은 1879년 미국에서 발견되어 1894년부터 독일에서 공업적으로 생산하게 된 합성감미료로서 설탕의 약 300배에 가까운 감미도를 가지고 있으며 현재 우리나라는 젓갈류, 절임 식품및 조림식품, 김치류, 음료류(발효음료류 및 인삼·홍삼음료 제외), 어육가공품, 영양소보충용 건강기능식품, 특수 의료용도 식품, 체중조절용 조제식품 및 시리얼류 및 뻥튀기 등에 사용하도록 사용기준이 정해져 있다. 현재 ADI는 5 mg/kg로 설정되어 있다.

사카린은 발암성논란이 있어 1973년부터 사용이 금지되었다가 다시 사용하게 되었다. 부작용으로는 소화기, 콩팥장애, 발암성 등이 보고되고 있다. 흰쥐 경구에 투여하면 뇌 등에 중상, 자궁암, 방광암, 토끼의 경구에 투여하여 골격 이상 등이 발견되었다.

아스파탐은 단맛이 설탕의 180~220 배 이며, 식품에 사용하고 있는 감미료 이외에도 당뇨병 환자용 감미료나 저칼로리 식품에 넣는 대체 감미료로 주로 사용되고 있다. ADI가 40mg/kg(체중)/day이며, 페닐케톤뇨증 환자의 경우 아스파탐에 함유된 아미노산인 페닐알라닌이 분해되지 않으므로 섭취에 주의해야 한다.

10.4.3 화학조미료

식품첨가물의 대표적인 화학조미료의 성분인 MSG(Monosodium L-glutamate)는 버섯, 육류, 김, 토마토, 다시마 등 자연 식품에 단백질의 일부분으로 존재한다. 그러나 이러한 자연 식품을 섭취했을 때 부작용이나 병적 증세가 보고된 예는 없다. 다만 식품 첨가제로 만들어진 화학조미료의 경우 독성을 나타낸다.

글루탐산은 흥분성 신경전달물질로 과량의 글루탐산이 신경조직에 흡수될 경우 신경 세포막을 파괴한다. 유아의 대뇌는 어른과 달리 극소량이라도 뇌하수체가 파괴될 가능성이 있으며 성장은 물론 일반 대사에 이상을 불러올 수 있다는 보고가 있다. 이

밖에 글루탐산은 산혈증의 원인이 되면서 신장에서의 칼슘 흡수를 막고 뼈 속에 저장됐던 칼슘까지 소모시켜 골다공증을 일으킨다고 한다.

감칠맛을 내는 화학 조미료인 MSG는 다시마 추출물에서 발견된 물질로서, 음식에 맛을 내기 위해 많이 사용되고 있다. 다량의 MSG를 섭취했을 때 10-20분 후 후두부의 작열감과 함께 불쾌감, 근육 경직, 메스꺼움 등의 증상이 나타나기도 한다. 특히 서양인들은 중국음식을 먹고 난 후 이런 증상을 호소하는 사람이 많아 '중국음식 증후군(Chinese restaurant syndrome)'이라는 용어가 생겨나기도 했다. 이외에도 천식, 우울증, 현기증, 손발 저림, 두통 등의 부작용을 일으킬 수 있다.

10.4.4 착색제

식품의 색은 맛이나, 향과 같이 식품에 매력을 느낀게 하며 기호상 대단히 중요한 요소이기 때문에 인공적으로 식품을 착색시킨다. 식품 가공상 식품에 착색료를 첨가할 경우가 인체에 해가 없는 천연색소를 사용하는 것이 바람직하지만, 여러 가지 이유 때문에 합성 착색료가 많이 쓰인다.

15종의 타르 색소와 기타 7종의 착색료가 지정되어 있다. 타르색소는 석탄에서 얻은 콜타르로부터 제조된 것으로서, 그 종류가 매우 많은데 그 중에서 비교적 독성이 적은 것만이 식용색소로 지정되어 있다. 색소는 일광이나 열에 의해서 변화되는 것과 산과 알칼리에 의하여 변화되는 것이 있기 때문에 그 성질을 참작하여 식품에 따라 적당한 색소를 선택 할 필요가 있다.

식용색소인 녹색 3호는 타르계 착생제인데, 과자나 청량음료 등에 5~10 mg/L 정도 사용한다. 흰쥐를 대상으로 경구투여시 LD50은 2g/kg 이며, 사람의 ADI는 12.5 mg/kg이다. 비타르계 색소인 황산동은 독성이 강하므로 소량이라도 사람의 위점막을 자극하여 구토나 설사를 일으킬 수 있다. 쥐의 경구투여시 LD50은 300 mg/kg이다.

10.4.5 발색제

발색제는 베이컨, 햄, 훈제 생선 및 기타 고기 처리에 향료, 방부제로 사용되는 물질이다. 발색제 그 자체에는 색이 없으나 식품 중의 색소와 작용해서 색을 안정시키거나 색을 선명하게 하는데 사용한다. 고기류는 시간이 지남에 따라 붉은색이 갈색으로 변하는 갈변현상이 일어나는데 이를 막기 위하여 발색제를 사용한다.

육류 발색제인 아질산나트륨은 고기속에 있는 헤모글로빈(hemoglobin)이나 미오글로빈(myoglobin)과 반응하여 고기의 색깔을 먹음직스러운 붉은 색으로 변화시킨다. 아질산염은 육가공제품의 선홍색을 유지 시켜주는 발색제 작용 이외에도, 보존료로서 식중독균의 생육을 억제하며, 풍미를 좋게 하고, 지방산화를 억제하는 작용도 가지고 있다.

아질산나트륨의 ADI는 0.06 mg/kg으로 알려져 있다. 아질산염은 아미노산 등 2급 아민과 고온의 산성조건에서 니트로사민(nitrosamine)을 생성하며, 이 니트로사민이 발암성이 있다고 한다. 제2급 아민이 많은 수산 제품에는 질산염의 사용을 금하고 있다. 특히 아질산 나트륨은 WHO에서 어린이용 식품에는 사용을 삼가하도록 권고하고 있다. 니트로사민은 국제암연구소 발암물질 분류등급에 따르면 group 2B에 속한다. 아질산나트륨은 빈혈, 구토, 호흡기능 약화 등을 초래할 가능성이 있다.

식물성 발색제인 황산 제1철은 산성에서 적색, 알칼리성에서는 청색을 나타내어 야채와 과실의 발색제로 사용한다. 주요한 부작용으로는 빈혈증, 호흡기능 약화, 급성 구토, 발한 등이 있다.

10.4.6 표백제

유색물질을 화학적 분해에 의하여 탈색시키는 것을 표백이라고 한다. 식품을 표백시키기 위해서는 일반적으로 환원제나 산화제를 사용하여 색소를 분해시킨다. 표백분과 차아염소산나트륨은 유지, 전분 등의 표백과 음료수, 야채 등의 살균소독에 사용되는데 무기질이나 다른 화학물질과 반응해 해로운 화학물질을 생성한다고 알려져 있다. 특히 음료수에 포함된 비타민 E를 파괴하거나 우리 몸에 유익한 장내 세균을 죽이는 작용을 한다고 한다. 주요한 부작용으로는 순환기 장애, 위점막 자극, 천식 유발, 호흡기 점막 자극, 눈 자극 등이 있다.

10.5 식품첨가물 피해 사건

식품첨가물로 인한 대표적인 오염사건으로는 일본에서 발생한 "모리나가 분유 사건"이 있다. 1955년 6월경 분유를 먹은 유아들이 비소중독에 걸려 12,131명이 중독되고 130명이 사망하였다. 위 사건의 구체적 내용은 모리나가 공장에서 원료우유에 식품첨가물인 제2인산나트륨을 혼입하여 유아용 분유를 제조하였는데, 제2인산나트륨에 유독량의 비소가 함유되었고. 이를 사용하여 제조한 분유에 다량의 비소가 함유되어 다수의 피해자가 발생하였다.

제11장 유전자 조작 식품

11.1 유전자 조작 생물체

유전자 공학(genetic engineering)이란 한 종으로부터 유전자를 얻은 후에 이를 다른 종에 삽입하는 기술(예: 물고기의 유전자를 토마토에 삽입)을 말한다. 1953년 세포 속의 DNA의 구조가 밝혀지고 1970년대 이후 DNA를 자르는 것이 가능해지면서 이러한 기술도 가능해 졌다. 유전자 재조합 기술은 어떤 생물의 유전자 중 유용한 유전자(예: 추위, 해충, 제초제에 강한 성질 등)만을 취하여 다른 생물체의 DNA에 삽입하여 새로운 특성을 나타내는 품종을 만드는 기술이다.

GMO(Genetically Modified Organism, 유전자 조작 생물체)는 유전자 재조합 기술을 이용하여 병충해에 강한 유전자, 수확량을 늘리는 유전자 등 특정 생물로부터 유용한 유전자를 찾아내어 이를 인공적으로 분리하거나 결합시켜 만들어진 생물체를 말한다. GMO는 그 종류에 따라 유전자 재조합 농산물(GMO 농산물), 유전자 재조합 동물(GMO 동물), 유전자 재조합 미생물(GMO 미생물)로 분류된다. GMO 농산물을 원료로 제조 가공한 식품 또는 식품첨가물을 GMO 식품 또는 유전자 재조합 식품이라고 부른다. 유전자재조합 축산물과 수산물의 경우 최근에 연어가 상품화되었다.

LMO(Living Modified Organism)는 살아있는 유전자 재조합 생물체의 의미로 사용된다. 바이오 안전성 의정서 제3조 정의에 의하면, LMO(Living Modified Organisms)란 현대 생물공학을 이용하여 얻어진 새로운 유전물질의 조합을 포함하고 있는 모든 살아있는 생명체를 말한다. 특정 활성기능을 갖도록 재조합된 미생물 등이 대표적인 LMO에 속한다. LMO의 안전성 확보를 위한 국내법으로 '유전자변형생물체의 국가 간 이동 등에 관한 법률'이 있다

무르지 않는 토마토, 수박만한 감자, 일반 연어 크기의 30배인 슈퍼연어, 살충제에 강한 콩, 고농축 비타민 함유 채소 등이 유전자 조작식품의 대표적인 예이다. 토마토에 넙치의 얼지 않는 유전자를 넣어 추운 지방에서도 재배한다. 염분에 잘 견디는 형

질을 벼에 이식하여 해안 습지에서도 경작한다. 전통적인 품종개량법은 수정이 가능한 같은 종끼리 교배하여 원하는 형질을 얻고, 자연 속에서 장기간 검증되어 온 것이다. 이에 반해 유전자 조작 기술은 다른 종의 유전자를 인위적으로 삽입하여 단시간에 새로운 종을 만들어낸다는 점에서 다르다. 자연적으로는 결코 생성될 수 없는 방식으로, 예측하지 못하는 부작용들이 일어날 수도 있다.

11.2 GMO 생산 현황

현재 전세계에서 콩·목화·옥수수·카놀라(유채)를 비롯해 18개 작물(108개 품목)이 GMO 안전성 승인을 받아 20여 국가에서 상업적으로 재배되고 있다. 국내에서는 현재 18개 품목 54종의 개발연구가 진행 중에 있으며 일부는 상업화를 위한 안전성 평가를 받고 있다.

GMO 농산물은 1994년 이후 미국 기업 칼진과 몬산토가 유전자 재조합으로 만든 토마토와 대두(콩)를 상용화한 이래, 17년 연속 재배면적과 매출이 폭발적으로 성장하고 있다. 전세계 5대 생명공학 관련 기업(AstraZeneca, 듀퐁, 몬산토, 노바티스, Aventis)가 전세계 농약시장의 60%, 그리고 전세계 GMO 종자시장의 사실상 100%를 차지하고 있다.

GMO 작물의 경작지가 17년 동안에 100배나 늘어났으며, 오늘날 세계 작물 시장의 15%를 유전자조작식품이 차지하고 있다. 2002년 현재 주요 유전자변형 작물의 재배면적을 품목별로 보면, 유전자변형 대두(콩)이 전 세계 GMO 작물 재배면적의 62%를 차지하고 있다. 유전자변형 옥수수가 21%, 유전자변형 면화가 12%, 캐놀라가 5%를 차지하고 있다.

미국은 GMO의 최대 재배국으로, 전 세계 GMO 경작 면적의 70%를 차지하고, 전세계 GMO의 절반을 생산하고 있다. 지난 20년동안 글루텐 질병(과민성 장 알레르기)이 급격히 증가하였는데 이는 GMO 식품 소비와 관련이 있다는 연구결과가 나오기도 했다.

우리나라는 식량자급률은 23.4% 수준에 불과하며, 유전자변형생물체(GMO) 작물을 가장 많이 수입하는 국가이기도 하다. 2016년에 GMO 곡물은 1천만 톤 이상 수입하였고, 식용 GMO는 240만톤를 수입하였다. 이 가운데 약 99%가 옥수수(113만톤)와 대두(93만톤)이다. 우리나라의 1인당 연간 GMO소비량은 45kg로서, 미국 다음으로 많다. 국내에 수입이 승인된 식용GMO는 콩, 옥수수, 면화, 카놀라, 감자, 알팔파, 사탕무 등 7개 작물로, 수입 콩의 78%, 옥수수의 50%가 GMO이다. GMO로 만든 각종 수입산 가공식품과 GMO 첨가물(아스파탐, 프락토올리고당, 성장촉진제 등)의 수입도 120여만 톤에 달한다.

특히 GMO 작물 중 콩의 경우 콩나물과 두부, 된장, 고추장, 간장, 청국장 등 우리는 콩을 주식으로 먹고 있다. 우리나라가 콩의 원산지인 만큼 콩을 다양하게 먹고 있어 더욱 직접 섭취량이 많다. 우리가 먹는 식용유는 대부분 미국과 브라질에서 수입하는 콩으로 제조되고 있다. 우리나라 사람들이 좋아하는 치킨에도 GMO는 피할 수 없다. 콩기름 식용유로 요리한 닭과 어묵 등 튀긴 음식과 최근 독일산 맥주에서 GMO 성분이 검출되기도 한다. 제과제빵의 경화유등 식용유를 피해서는 요리를 생각할 수 없을 정도로 식용유의 용도는 다양해 졌다. 한편, 옥수수 전분으로 만들어지는 액상과당과 물엿은 각종 가공식품의 단맛을 내는데 사용된다.

11.3 GMO 상품의 개발

미국의 경우 10년간 500여종의 GMO를 개발하고 있는 상태이고, 이 중 시판되고 있는 GMO 들은 콩, 옥수수, 감자, 토마토, 호박, 유채 등 15개 작물에 이르며, 대부분 제초제나 해충에 잘 견디고, 장기 유통에 유리하게 유전자 조작된 것들이다. 미국에서는 이들 작물 중 70%가 GMO 작물이며, 대부분을 수출용, 사료용으로 판매하고 있다. 우리나라는 미국으로부터 콩과 옥수수를 90%이상 수입하고 있다.

국내에선 벼, 고추, 감자, 배추, 양배추, 토마토, 오이, 들깨 등 17개 작물 40품종의 GMO가 실험실, 온실, 야외 격리 재배로 시험 중에 있고, 제초제에 강한 벼와 바이러스에 잘 견디는 감자의 경우 2000년부터 논에서 격리된 채 시험 재배되고 있는 상태이다.

GMO가 최초로 시판된 것은 미국의 <칼진>사가 1994년도에 개발한 무르지 않은 토마토이다. 이는 과숙과 부패를 억제하여 저장기간을 늘리고 외양을 향상시켜서 상품가치를 높인 것이다. 미국의 거대 종자 회사인 <몬산토>는 자사의 제초제에만 내성을 갖도록 유전자 조작된 콩을 개발하여 제초제와 콩을 한 세트로 판매한다든지, 터미네이터 기술을 개발해 종자의 생식능력을 끊어버려 이들 회사로부터 매년 종자를 구입하도록 하는 판매전략을 갖고 있었다.

라운드업(round-up)은 세계 유전자변형작물(GMO) 시장의 95%를 장악하고 있는 미국 몬산토가 1974년 출시한 범용 제초제다. 라운드업 레디(round-up ready)는 라운드업에 견딜 수 있는 GMO 종자의 상품명이다. 세계보건기구 산하 국제암연구소(IARC)는 최근 "라운드업은 '거의 확실한 발암성'으로, 이미 사용이 금지된 다른 두 종류의 살충제인 말라티온과 다이아지논도 '발암 가능성' 범주로 분류했다"고 밝혔다.

11.4 GMO에 대한 논쟁

11.4.1 옹호하는 이유

<표 11-1>에 GMO의 장단점을 간단히 정리하였다.

표 11-1 GMO 장단점 정리

장 점	단 점
1. 주요 영양소의 증가 • 식물성 기름을 추출할 수 있도록 지질대사 과정을 변형하여 고품질, 고농도의 지방산을 생산 • 해바라기씨 기름과 유채씨 기름에서 고농도의 올레인산(Oleic acid) 함유 제품 • 어류의 불포화 지방산을 생산 할 수 있는 작물을 개발	1. 식품안전성문제 • 식품의 독성, 알레르기 문제 • 식품 유통 시스템의 안전성 확보 문제 • 1994년 브라질 넛 사건, 2000년 스타링크 사건
2. 미량 영양소의 증가 • 식물이 가지고 있는 대사 경로를 조절하여 원하는 영양소를 생산 • 비타민함량증가 - 황금쌀	2. 비표적 생물 영향 • 목적하지 않았던 생물에게 해를 끼칠 수 있음(생물다양성 감소) • 1999년 모나크 나방 사건

장 점	단 점
• 철분함량증가 – 쌀에 강낭콩의 페리틴 유전자 도입	
3. 식용 백신 • 고부가가치 물질의 대량 생산이 가능 • 화학 합성으로 이루어지는 의약품보다 부작용이 적을 것이라 예상	3. 유전자 전이 및 오염 • 다른 생물에게로 의도하지 않은 유전자의 전이로 예상치 못한 결과 발생 가능성 • 토종 품종의 손실 • GM작물과 Non-GM의 혼합 및 오염 • 1974년 E. Coli 유전자 전이, 1994년 항생제 마커 유전자전이, 2001년 멕시코 토종 옥수수 오염, 2002 프로디진 사건 등
4. 환경 스트레스 저항성 • 척박한 환경에서도 작물이 자랄 수 있도록 작물을 변형 • 기타 : 제초제저항성, 각종 병저항성, 해충저항성, 저장성 향상	• 바이오안전성확보를 위한 국제적인 노력 • 선진국/개도국, 수출국/수입국의 입장에 따라 규제에 대한 입장이 다름 • 1992년 채택된 생물다양성 협약, 2000년 채택된 바이오안전성의정서

출처 : http://www.biosafety.or.kr

GMO를 찬성하는 쪽에서 내세우는 이론으로 실질적 동등성(substantially equivalent)이라는 것이 있다. 즉, '유전자조작 농산물과 원래의 농작물을 모양, 형태, 주요성분, 성질 등을 비교하여 거의 같다고 한다면, 유전자조작 농산물에서 새롭게 생성되는 물질도 안전하다. 그러므로 유전자조작 농작물의 안전성은 원래의 농작물과 같다'는 이론이다. GMO를 찬성하는 사람들은 다음과 같은 GMO의 장점을 주장하고 있다.

첫째, 해충과 잡초에도 잘 견디는 품종을 단시간 내에 많은 수확량을 올릴 수 있기 때문에 기아에 허덕이는 인류의 식량문제를 해결할 수 있다고 한다.

둘째, 맛과 영양을 획기적으로 개선하거나 약용 성분을 주입하여 영양 결핍을 해결할 수 있다고 한다.

셋째, 제초제, 살충제, 저항성 GM 작물은 농약에 의한 환경오염을 줄일 수 있다고 한다.

11.4.2 반대하는 이유

GMO를 반대하는 사람들의 의견은 다음과 같다.

첫째, 식품으로서의 안전성에 대한 우려이다. 유전자 변형 농산물 및 식품 속성에 대한 인체 안전성은 소비자가 가장 많은 염려를 제기하는 부분이다. 유전자 변형작물은 사람이 강제적으로 다른 종류의 생물유전자를 식물에 집어넣는 것이다. 실제 인간이 섭취할 경우 어떠한 영향이 있는지 현재까지 알려지지 않았다. 그러므로 유전자 변형농산물 및 식품에서 생성된 새로운 단백질이 알레르기를 유발할 가능성이 높다.

둘째, 환경위해성에 대한 우려이다. 유전자변형 작물은 인위적인 새로운 것으로 자연계에는 존재하지 않았던 것이다. 해충과 잡초들이 변형된 저항성 유전자를 가지게 됨으로써 출현하여 생태계를 교란시킬 위해성을 가지고 있다. 이 때문에 생태계에 치명적이고 급속한 악영향을 미칠 우려가 있다.

셋째, 인구증가에 따른 식량위기의 대응책이 될 수 없다. 식량부족의 주요 원인은 인구의 기하급수적인 증가, 세계 남북간의 경제 격차, 이에 따른 분배문제가 주요 원인이다. 이를 통해 볼 때 식량부족의 문제는 단순히 생산량을 늘리는 것보다는 남북문제와 분배문제의 우선적인 해결방안을 도출해야 한다.

11.5 GMO 의무 표시제 실시

우리나라에서는 2001 년 3월부터 유전자조작 농산물, 그리고 2001년 7월부터 유전자조작 식품에 대하여 의무 표시제가 시행된다. 대상은 콩, 콩나물, 옥수수이며, 감자는 2002년 3월부터 시행된다. GMO를 피할 수도 있게 되었다는 점에서 그 의미가 크다. 2017년 2월부터 유전자변형식품(GMO) 표시 제도가 개정되어 시행되었다. 지금까지는 식품을 만들 때 쓰인 모든 원재료의 함량을 기준으로 5순위 안에 유전자변형 농산물이 들어있지 않으면 GMO 표시를 하지 않았다. 이제부터는 함량과 상관없이 유전자변형 DNA(단백질)가 조금이라도 검출되면 GMO를 표시하여야 한다.

그러나 식약처는 가공 과정에서 유전자 변형 DNA가 모두 사라진다는 전제하에 식용유, 간장, 당류, 주류, 식품첨가물 등에 대해서는 GMO를 표시하지 않아도 되도록 하였다. 즉 대부분의 콩기름 식용유와 카놀라유, 옥수수유, 면실유 등의 식용유와 옥수수로 만들어진 액상과당이 들어간 제품, 간장 등은 GMO표시제 대상에서 제외된다. 이뿐만 아니라 건강기능식품에서 많은 부분을 차지하는 부형제와 안정제의 GMO 표시도 면제하였다.

수입 농산물에 대해 비의도적 혼입치를 3%까지 허용해 Non-GMO 표시를 할 수 있게 하였다. 국내에서는 GMO를 재배하고 있지 않기 때문에 국내산 농산물에 대하여 비의도적 혼입치를 인정해줄 필요가 없고, Non-GMO 표시를 할 수도 없다.

일반 대두 또는 옥수수를 사용한 식품에는 Non-GMO 표시('비유전자변형식품', '무유전자변형식품', 'Non-GMO', 'GMO-free')를 할 수 있다. 비의도적 혼입치는 농산물의 재배·유통과정에서 불가피하게 GMO가 혼입될 수 있는 비율을 말한다. 유럽은 0.9%, 일본은 5%, 대만·한국 3%, 호주·뉴질랜드 1%, 미국 미설정이다.

11.6 유기농산물 이용

우리나라 유기농 시장은 생활협동조합의 형태로 시작되었고 그 규모는 점점 커지는 추세에 있다. 일반적인 경작에 비해 생산량이 80% 정도 수준이므로 소비자측의 비용부담이 다소 있으며, 유기농의 영양과 맛 등은 일반식품과 비교하여 훨씬 우수하다.

친환경 농산물 인증제도란, 환경을 보전하고, 소비자에게 보다 안전한 친환경농산물을 공급하기 위해 전문인증기관이 엄격한 기준으로 선별. 검사하여 정부가 그 안전성을 인증해주는 제도이다. '유기농'이란 3년 이상(다년생 이외 작물은 2년) 화학비료와 농약을 쓰지 않고 재배한 농산물로 정의되며(국립농산물품질관리원), 이밖에도 아래와 같이 농약과 화학비료의 사용정도에 따라 저농약 농산물, 무농약 농산물, 전환기 유기농산물 등이 있다.

가. 유기농산물; 3년 이상 농약과 화학비료를 전혀 사용하지 않고 재배한 농산물
나. 전환기 유기농산물: 1년 이상 농약과 화학비료를 사용하지 않고 재배한 농산물
다. 저농약 농산물: 농약을 1/2이하로 사용하고 화학비료는 권장량 1/2이하로 사용

하여 재배한 농산물

라. 무농약 농산물: 농약은 사용하지 않으나, 화학비료는 권장량 1/3이하로 사용하여 재배한 농산물

마. 유기축산물 : 유기축산물 인증기준에 맞게 재배, 생산된 '유기사료'를 급여 하면서 항생제를 전혀 사용하지 않고 인증기준을 지켜 생산한 축산물

바. 무항생제 축산물 : 항생, 항균제 등이 첨가되지 않은 '일반사료'를 급여하면서 인증기준을 지켜 생산한 축산물

제12장 환경호르몬

12.1 환경호르몬 정의

12.1.1 호르몬이란

호르몬이란 그리스어의 '불러 일으키다'라는 말에서 유래되었는데 고환, 난소, 이자, 감상선, 부갑상선, 흉선 등 내부 분비샘에서 생산되어 혈액을 돌며 몸의 한 부분에서 다른 부분으로 메시지를 전달하는 화학메신저이다. 호르몬 분자는 혈액을 타고 목표지점에 도착, 세포에 자극을 가해서 세포 표면에 존재하는 수용체와 결합한다. 호르몬과 수용체의 관계는 열쇠와 자물쇠 (또는 요철)의 결합 관계와 유사하다. 호르몬의 특정 부위 (열쇠)가 수용체(자물쇠)에 성공적으로 결합하면 이 신호가 세포내 유전자에 도달해 유전자의 특정 부위를 활성화시킨다. 그 결과 몸에 필요한 단백질이 합성되어 생체의 생리작용을 돕는다.

호르몬은 생물의 성장, 생식, 기타 다양한 생리 작용에 영향을 미친다. 사람의 경우 현재까지 알려진 호르몬 종류는 1백여 종이며, 호르몬이 분비되는 장소는 뇌(송과 선, 시상하부, 뇌하수체), 갑상선, 부갑상선, 흉선, 부신, 췌장, 생식소(정소와 난소) 등이다. 만일, 이러한 시스템에 고장이 일어나 호르몬이 과잉 또는 결핍이 되면 여러 가지 질병을 일으키게 된다. 주요 호르몬의 과잉 및 결핍에 의한 질병을 <표 12-1>에 나타내었다.

표 12-1 호르몬의 과잉 또는 결핍에 의한 질병

호르몬 명	부위	분비 과잉	분비 부족/수용체 이상
성장호르몬	하수체	말단비대증 거인증	소인증

호르몬 명	부위	분비 과잉	분비 부족/수용체 이상
갑상선호르몬	갑상선	갑상선기능 항진증	갑상선 기능저하증
인슐린	비장	저혈당증	고혈당증(당뇨병)
부신피질호르몬	부신	부신피질기능 항진증	부신피질 분비부전증 (아디슨씨병)
에스트로젠 (여성호르몬)	난소	자궁내막증, 유방암, 부정출혈	월경불순 발육이상
안드로(남성호르몬)	정소	이차성징의 조기출현	무정자증, 여성화 증후군, 발육이상

출처 : 내분비계 장애물이란, 국립환경연구원, 1998

12.1.2 환경호르몬

'환경호르몬'이란 말은 '환경'에 노출된 화학물질이 생체 내로 유입돼 마치 호르몬처럼 작용하여 내분비가 교란되는 것을 의미한다. 의미에서 만들어졌다. '환경호르몬'이라는 명칭은 1997년 5월 일본 NHK에서 '외인성 내분비 교란 화학물질'이라는 용어를 대신하여 시청자들이 이해하기 쉬운 이름으로 만들어낸 것이다. 환경호르몬이란 환경 중 배출된 화학물질이 체내에 유입되어 내분비계의 정상적인 기능을 방해하는 화학물질로 정의되며, 정확한 명칭은 '외인성 내분비 교란 화학물질', 내분비교란물질(endocrine disrupter), 또는 내분비계 장애 유해화학물질이다. 미국 환경청(EPA)은 환경호르몬을 "생물의 항상성, 생식(번식), 발달(분화)또는 행동을 조절하는 체내 호르몬의 합성, 분비, 운반 결합, 작용 또는 분해(소멸) 등을 간섭하는 외인성 물질"이라고 정의하고 있다. 한국 환경부에서는 '내분비계 장애물질'이라고 통일하여 사용하고 있다.

환경호르몬은 기존의 독성화학물질보다 훨씬 낮은 농도에서도 생체에 영향을 미칠 수 있으며, 먹이사슬을 통해 농축되기 때문에 더욱 위험하다. 대부분은 지방친화성이 있어 생체내의 지방 내에 주로 축적되며, 체외로 배출이 거의 안 된다. 그리고 여성의 경우에는 수유를 통해서 어린 아기에게 전해질 수 있다. 이들 환경호르몬은 생태계 및 인간의 생식기능 저하, 기형, 성장장애, 암 등을 유발하는 물질로 추정되고 있다.

전세계적으로 인류를 포함한 생물군에 심각한 위협이 될 수 있다는 위기감을 불러일으키고 있다.

12.2 환경호르몬의 위험성

12.2.1 환경호르몬의 주요 작용

환경호르몬의 내분비 교란 작용은 다음과 같이 크게 네 가지 경우로 구분하여 설명할 수 있다.

① 모방(Mimicry) 작용

이것은 어떤 체외 화학물질(환경 호르몬)이 생체 내의 정상적인 자연 호르몬과 그 구조가 유사해 정상호르몬 역할을 대신하는 것이다. 이 물질은 일반적으로 정상 호르몬보다 반응이 약한 경우가 대부분이지만 때로는 더 빨리, 더 강하게 작용하는 경우도 있다.

자연 상태에 존재하는 식물성 에스트로겐은 생체 내의 정상 에스트로겐보다 그 역할이 훨씬 미약해 인체에 끼치는 영향도 미미하다. 그러나 임신 중에 유산방지약으로 쓰이는 DES(diethyl stielbe-steron : 에스트로겐의 일종인 인공합성호르몬)는 그 강도가 매우 강해서 그것을 복용한 산모에게서 태어난 여아가 생식기 암에 걸리거나, 남아의 겨우 성기 기형이나 생식기 암에 걸린 사례도 있다.

② 봉쇄(Blocking) 작용

이 작용은 자연 호르몬과 결합해야 할 세포 수용체를 먼저 막아버리거나 방해함으로써 정상 호르몬의 작용을 차단하는 현상을 가리킨다. 자물통에 가짜 열쇠가 끼어 있어서 열지도 닫지도 못하거나 심지어 자물통을 못쓰게 하거나, 부수어 버리는 경우와 같다.

수십 년 동안 농약으로 가장 많이 쓰여온 DDT가 그 대표적인 화학물질이다. 이것은 어류와 파충류는 물론 그것을 먹은 포유류와 인간의 체내에 축적 또는 농축돼 남성호르몬인 테스토스테론(testosteron)의 작용을 봉쇄해버린다. 이렇게 되면 남성의 음경이 위축되거나 정자 수가 격감돼 번식능력이 떨어짐은 물론, 하등동물에서는 자웅동체(雌雄同體) 등이 유발된다.

③ 방아쇠(Triggering) 작용

이것은 비정상적인 체외 물질이 생체 세포의 수용체와 결합하여 비정상의 세포반응을 연쇄적으로 일으키거나, 예정에 없던 세포분열을 유발하여 암을 발생시키거나, 생체내 물질대사에 치명적인 영향을 끼치게 되는 경우이다. 최근 쓰레기 소각장의 배출물질로 악명이 높은 다이옥신(dioxin)이 바로 이런 물질이다. 다이옥신은 자신이 마치 호르몬인 양 작용하여 생체 설계상 전혀 예정에 없던 암세포를 만들어 내거나, 전혀 새로운 반응 및 물질이 만들어지도록 방아쇠를 당기는 역할을 하고 있다.

④ 간접 영향(Interference)

어떤 화학물질은 생체 세포의 수용체와는 직접 결합하지 않는 대신 간접적으로 정상호르몬의 생산과 배출, 이동, 저장, 배설 등을 증가시키거나 또는 감소시켜서 자연적인 내분비기능을 방해하고 왜곡한다. 예를 들어 수은, 카드뮴, 납 등 중금속은 정상호르몬인 갑상선호르몬이나 성장호르몬 또는 신경전달물질 등의 정상적인 기능을 간섭하고 방해하게 된다. 이렇게 되면 생체의 성장과 발육 및 지능발달에 문제가 발생한다.

12.2.2 환경호르몬의 위험성

환경호르몬이 세계적으로 주목을 받기 시작한 것은 1996년 '도둑맞은 미래(Our Stollen Future)'가 출간된 이후부터이다. 이 책은 주요 환경호르몬들이 생성되어 생태계에서 순환되는 메카니즘과 이로 인한 부작용 등을 상세하게 기술하고 있다. '도둑맞은 미래'의 저자인 테오 콜본 박사팀은 미국 오대호에서 플랑크톤을 먹는 갑각류는 PCB 체내 축적률이 무려 45,000배로 늘어났으며, 갈매기는 PCB 축적률이 2,500만배에 달한다고 보고하였다. 또한 이 책에서 미국의 오대호주변 갈매기는 동성끼리 둥지를 트는 등 이상한 행동을 보이고 있으며, 다른 동물에서도 선천성 기형이 목격되었다는 결과도 보고하고 있다.

1997년 4월 일본 국립의약품식품위생연구소는 시판중인 컵라면 용기를 비롯한 25 종류의 폴리스틸렌 용기에서 위험한 수준의 화학성 물질이 검출됐다고 밝혔다. 비슷한 시기에 일본의 한 대학교에서 20대 남성 34명의 정액을 조사한 결과 정자의 농도와 운동성이 세계보건기구(WHO)의 기준을 충족시킨 사람은 단 1명뿐이라는 충격적인 사실이 보고되기도 했다. 2000년 이후 의학자들은 생식기와 관련된 각종 암(전립선암, 고환암, 자궁암등)의 원인 중 하나로 환경호르몬을 지목하고 있다.

12.3 환경호르몬의 종류

12.3.1 내분비 교란물질

내분비교란물질은 크게 약물, 식물, 환경오염물질 등 세 종류로 구분할 수 있다.

① 약물성 내분비교란물질

역사적으로 내분비교란물질 가운데 처음 알려진 것은 합성 호르몬이다. 그 가운데 가장 잘 알려진 것이 DES(Diethylstilbestrol)이라 할 수 있다. 이 물질은 강력한 합성 여성 호르몬인데, 약효와 안전성이 채 확인 되지 않은 상태에서, 유산 방지에 효과가 있을 것이라는 희망으로 1948년부터 1972년까지 미국의 수백만 임산부에게 투여되었다. 그러나 이 약을 복용한 산모는 오히려 유산이 증가할 뿐만 아니라, 태어난 여아가 사춘기가 되면 생식기 암이 발생하고, 남아에게서도 성기기형이 다수 발생한다는 것이 밝혀졌다.

② 자연성 내분비교란물질

내분비교란물질로서 자연계에 존재하는 것을 식물성 에스트로젠이라고 하는데 콩, 사과, 버찌, 딸기, 밀, 옥수수, 면화열매 등에 함유되어 있다. 실험실 분석에 의하면 43종류 이상의 먹는 식물에서 에스트로젠 활성이 관찰되었다고 한다. 두유 속에 함유된 식물성 에스트로젠의 농도는 갓난아이들의 혈중 에스트로젠 농도보다 1~2만 배 높다는 연구결과도 있다. 그러나 인류는 수 십 만년간 식물성 에스트로젠에 노출되면서 진화해 왔기 때문에 식물성 에스트로젠은 실제로 큰 위해가 되지 않는다는 주장도 있다.

③ 환경성 내분비교란물질

요즘 가장 문제가 되는 내분비교란물질은 환경오염물질이다. 내분비교란물질이면서 동시에 환경오염물질이기 때문에 환경성 내분비교란물질(Environmental endocrine disruptors, EED)이라고 지칭하기도 하는데, 현재 알려진 것은 100종이 넘는다. 그 중 대표적인 것이 다이옥신, PCB, DDT, 유기염소농약, 중금속, 플라스틱 가소제 등이다. 대표적인 환경성 내분비교란물질의 용도 및 발생원을 <표 12-2>에 정리하였다.

이러한 합성화학물질들은 인체에 흡수될 경우 매우 다양한 독성학적 효과를 갖는 것으로 오래 전부터 알려져 왔다. 그러나 이제까지 독성학적 연구에서 많이 다루어지지 않은 성기의 기형, 생식기능의 저하, 행동의 변화 등이 이들의 내분비 교란작용에 의한 것이라는 사실이 알려져 주목을 받게 됐다. 폐기물 소각장 및 매립장, 화학 공장, 그리고 농축산업 시설에 의해 배출된 이들 화학물질은 먼저 대기, 수질, 토양 환경을 오염시키고 생태계의 먹이 사슬을 거쳐 수백만 배로 농축되어 오염된 지역의 물고기, 쇠고기, 돼지고기, 닭고기 등의 지방질에 축적된다. 또한 식품을 포장하기 위해 사용되는 플라스틱 등 합성재료에서 화학물질이 용출되어 음식을 오염시킴으로써 인체에 흡수되기도 한다.

표 12-2 환경성 내분비교란물질의 용도 및 발생원

물질	용도 및 발생원
다이옥신	쓰레기 소각장, 종이 펄프의 염소 표백 플라스틱, 월남전 당시 고엽제의 성분
폴리염화비페닐(PCB)	전기 절연체, 가소제, 도료, 복사지, 변압기
트리부틸 주석(TBT)	선박용 페인트
비스페놀 A	수지원료, 플라스틱제 젖병, 식기캔류의 내부 코팅, 충치예방약 시란트
아트라진(Atrazine)	살충제, 제초제
아미트롤(Amitrole)	염료, 사진약, 수지경화제, 제초제
엔도설판(Endosulfan)	살충제

DDT	살충제
폴리스티렌(Polystyrene)	컵라면 용기
알킬페놀(Alkyl phenol)	잉크, 니스, 세제, 계면 활성제
부틸벤질프탈산(BBT)	도료, 인조피혁, 플라스틱, 가소제
다이부틸프탈산(DBT)	래커, 접착제, 피혁, 잉크, 도료, 플라스틱, 가소제, 알루미늄 호일
폴리카보네이트	플라스틱 식기
프탈산화합물 (DOP, DBP, BBP)	플라스틱 가소제
스티렌 다이머	컵라면 용기, 각종 식기용기(폴리스틸렌수지 성분)

출처 : 내분비계 장애물이란, 국립환경연구원, 1998

12.3.2 환경호르몬 후보 물질들

1990년대 들어 본격적으로 환경호르몬의 위해성을 지적하기 시작한 세계야생보호기금(WWF)은 자연에 노출된 환경호르몬의 종류를 67종으로 선정했는데, 이는 크게 농약류(43종)와 합성화합물류(24종) 두종류로 구분할 수 있다. 농약류는 대부분 자연계에 오랫동안 잔류하는 특성을 가진 염소(Cl)를 포함한다. 보통 반감기가 2~12년인데, 최대 59년에 이르는 것도 있다. 대표적인 사례로 DDT를 들 수 있다. 1940년대초 살충제로 사용돼 농업 생산을 크게 증가시키고, 모기를 박멸해 학질이나 황열병으로부터 수백만명의 생명을 구했지만, 여기저기서 부작용이 속출하여 1970년대에 사용이 금지된 물질이다. 같은 시기에 알드린, 일드린, 클로르단과 같은 농약 역시 비슷한 이유로 사용이 금지됐다.

합성화합물류는 각종 산업계에서 파생하는 유해화학물질을 일컫는다. 예를 들어 다이옥신, 폴리염화비닐(PCB), 페놀류나 트리부틸주석(TBT) 등 다양한 종류를 들 수 있다. WWF가 선정한 67종은 어디까지나 현재까지 알려진 화학물질 중에서 지정된 것일 뿐이다. 매년 수십만종 이상의 화학물질이 새로이 합성되고 있기 때문에 자연계에 얼마나 많은 유해화학물질이 존재하는지는 아무도 모르는 실정이다.

1998년 미국의 EPA, CDC 등 여러 기관들이 약 100 여개의 화학물질을 환경성 내분비교란물질 후보로 지목하였다. 그 중 몇 개만 살펴보면 다음과 같다.

① 유기주석 : 선박도료로 사용
② 폴리염화비페닐(PCB) :전기절연체로 사용됨. 현재 사용금지 되어 있으나 기존의 사용물질들의 폐기시 문제가 됨
③ 다이옥신 :고엽제, 쓰레기 소각장, 각종 염화물 사용처에서 발생
④ 표백된 종이, 담배연기에서도 발견됨
⑤ 아트라진, 아미톨, 엔도살판, DDT, 헥사클로로벤젠 : 살충제, 제초제로 사용됨
⑥ 노닐페놀 : 계면활성제에 사용됨
⑦ 비스페놀A : 수지원료

12.3.3 다이옥신

다이옥신은 가장 대표적이고 독성이 강한 내분비계 장애물질이라고 할 수 있다. 다이옥신은 베트남전의 고엽제 주성분이었으며, 지금도 세계 곳곳에서 검출되고 있다. 다이옥신은 먹이사슬을 타고 생물학적으로 농축되며 환경호르몬으로 작용하여 인간의 면역체계에 손상을 준다. 다이옥신은 화학적으로 여러 개의 염소원자가 붙은 세 개의 고리구조가 연결된 방향족 화학물질이다. 가운데 고리에 산소원자가 두개 포함된 다이옥신계 화합물(Polychlorinated-dibenzo- p-dioxin : PCDDs 75종)과 산소원자 하나가 포함된 퓨란계 화합물(Polychlorinated-dibenzofuran : PCDFs 135종)이 있는데 일반적으로 이들을 합하여 다이옥신이라 한다. 또한, 다이옥신과 유사한 구조를 가진 PCBs(Polychlorinated biphenyls) 12종을 합하여 다이옥신류라고 부른다.

다이옥신은 염소를 포함하는 화합물이 불완전 연소될 때 생성되는 물질로, 원래 자연계에 존재하는 물질은 아니며 인위적으로 생산되는 물질도 아니다. 화학, 펄프, 제지, 제강 등과 같은 산업의 제조공정에서 부산물로 생성되거나, 자동차 배기가스나 담배연기 등에서 배출된다. 산불이나 화산의 폭발과 같은 자연 재해 시에도 발생되지만, 대부분은 생활쓰레기나 산업폐기물을 규정된 소각시설 이외의 장소에서 함부로 소각할 때에 발생한다.

다이옥신은 물에 거의 녹지 않고 열에 안정한 특성을 가지고 있다. 1천3백도 이상의 고온에서만 분해되어 없어지는 특성 때문에 분해도 쉽지 않으며, 쓰레기 소각장 주변 주민들에게서 그 피해사례가 많이 보고되고 있다. 또한 자연계에서 잘 분해되지

않고 기름에 녹는 성질이 강해 생물체의 지방 조직에 잘 스며든다. 따라서 생물체 내로 유입된 다이옥신은 잘 배설되지 않고 지방 조직에 축적되어, 자연계의 먹이사슬을 통하여 고등생물에서는 높은 농도로 농축될 수 있다.

다이옥신의 주요 인체 침입경로는 식품이며, 특히 지방이 많이 포함된 쇠고기, 우유, 돼지고기, 달걀, 물고기 등의 음식이다. 다이옥신의 대부분(90% 이상)은 육류와 유제품 등을 통하여 인체내로 유입된다. 물고기에 포함된 다이옥신의 농도는 바다속 다이옥신의 농도의 십만배 가량이다. 물고기가 섭취 한 다이옥신은 물고기의 체내 지방조직에 축적되고 먹이 사슬을 통해 점점 더 많은 양의 다이옥신이 축적되게 된다. 육지에서는 오염된 목초나 사료를 통해 가축의 지방조직에 오랜 시간에 걸쳐 다이옥신이 축적되고, 육류나 계란, 우유 등을 통해 최종적으로는 사람에게 유입되게 된다.

12.3.4 PCB (폴리염화비페닐)

페놀이 2개 결합된 화합물(비페닐)에 수소대신 염소가 치환된 다가 염소 화합물이다. 비인화성의 안정된 화합물로 1929년에 도입되어 1935년부터 생산 시장에 선보였다. 전기산업, 윤활제, 유압액, 절삭유, 액체접착제, 전기절연체, 일반소비재(예: 비인화성 인조목재, 플라스틱 등), 페인트, 니스, 잉크, 살충제, 복사지 등의 제조에 널리 사용된다. 염소가 들어가는 화합물은 대부분 2차 독성이 강한데 이 화합물도 처리가 쉽지 않고 부적절하게 처리될때는 발암물질인 다이옥신이 발생되는 등 큰 문제를 일으킨다.

PCB는 전기 절연성이 강하고 연소되지 않는 등 화학적 안정성이 강해 콘덴서나 변압기의 절연유 및 냉각액에 사용되어 왔다. 지난 68년 일본에서 식품조리용 기름에 들어간 PCB를 먹은 사람들 중 2백 68명이 사상하고 1천8백 71명이 후유증을 일으키는 사고가 발생해 선진국에서는 이미 20년전 생산, 사용이 금지됐다. 우리 나라에서는 지난 96년 금지물질로 취급해왔으나 이미 20년 전에 이 PCB를 사용애 만든 라디오와 냉장고 등 전기제품이 지금도 계속 사용되고 있는데다 분해가 안 되는 것이어서 자연계에 많이 축적되고 있을 것으로 추정되고 있다.

12.3.5 TBT (트리뷰틸주석)

TBT는 선박에 부착생물이 붙는 것을 방지하는데 뛰어난 효과가 있어 부착방지제로 널리 사용되어 왔다. 그러나 TBT 사용 이후 세계 각국 해안에서는 굴과 홍합 등 복족류와 무족류의 생산량이 크게 감소하고 암컷에 수컷의 생식기관인 페니스가 생겨나는 임포섹스 현상까지 발견됐다. 이 때문에 외국에서는 지난 80년대 초부터 선박이나 양식어업에 쓰는 그물 등에 TBT 사용을 규제해왔다. 우리나라는 내분비계 장애물질이 사회적 문제로 대두되자 최근 TBT 사용을 규제하고 있다.

12.3.6 DDT

방향족 염소 화합물로 1939년에 개발된 유기 살충제이다. 제 2차 세계 대전 중에 이와 모기의 방제에 사용되면서 대단히 효과적인 살충제임이 판명되었다. 금세기 초 강력한 살충효과로 애용되었던 DDT는 다량 사용할 때는 발암과 면역력 저하, 백혈구 과립감소 등 강한 유해성이 지적되어 지난 70년대 이미 많은 나라에서 사용이 금지됐다. 레이첼 카슨은 "침묵의 봄"에서 살충제에 의한 생물피해를 보고하여 전 세계적으로 경각심을 일으킨 바 있다.

미국에서는 환경오염을 이유로 사용을 엄격히 제한하고 있으나 일부 나라에서는 아직도 주요 농약의 하나로 사용하고 있다. 기본적으로 탄소와 수소로 이루어진 구조를 가지나 염소원자가 여러 위치에서 수소원자 대신 치환이 일어나서 만들어진다. 제조금지 이후에도 분해되지 않고 오랫동안 잔류하면서 대기와 물, 생물 등을 통해 고농도로 농축되면서 이동해 DDT와 직접적 연관이 없는 북극의 백곰에서 검출되기도 했다. 먹이연쇄를 통하여 조류인 독수리나 펠리컨 등에게 유산 또는 죽음을 가져왔다.

12.3.7 노닐 페놀

노닐 페놀은 대부분 계면활성제로 이용되는 NPEs(Nonylphenol Ethoxylate)의 원료로 사용되며, 그 밖에 에폭시 수지 및 페인트 첨가제, 인쇄 잉크의 재료, 산화방지제의 원료로도 사용된다. 주로 전자부품, 영상, 음향 및 통신장비 제조업, 화합물 및 화학제품 제조업 등에서 사용되며 대기 중으로 배출된다.

환경 중으로 배출된 노닐페놀과 NPEs 등이 호흡을 통해 인체에 들어올 수 있으며, 세척제, 샴푸 등 생활용품을 사용할 때 피부를 통해 인체에 들어올 수 있다. 공업용 세정제 및 유화제로 사용되고 있는 계면활성제 종류인 노닐 페놀류는 지난 94년 미국의 유방암 실험도중에 유방암 세포를 이상 증식시키는 기능이 있는 것으로 발견됐다. 사람의 눈과 호흡기계를 자극하고 단백질을 변성시키는 작용이 있는 것으로 알려져 있으며 바다 생물에 대해 독성이 높고 자연에서 분해가 잘 되지 않는다.

12.3.8 비스페놀 A

비스페놀 A는 고분자 플라스틱인 폴리카보네이트의 단량체이며, 플라스틱 용기 및 통조림, 음료수 캔 등의 성분으로 사용되기도 하는 산업용물질로서 대표적인 내분비계장애물질(환경호르몬)로 알려져 있다. 폴리카보네이트 수지와 에폭시 수지 등 합성수지의 원재료인 비스페놀 A는 산화방지 및 염화 비닐의 안정제로 열과 충격에 대한 내구성이 뛰어나 학교 급식의 용기, 음료수캔 내부코팅제, 커텐 방염처리제 등에 사용된다. 비스페놀 A는 쥐에 대한 실험결과 암컷의 분만 횟수를 떨어뜨리고 체중을 감소시키는 것으로 보고됐다. 플라스틱 용기에 뜨거운 물을 붓거나 기름이 많이 함유된 음식 재료를 넣으면 비스페놀 A가 많이 녹아 나오며, 장시간의 사용으로 표면이 거칠어질 때도 비스페놀 A가 녹아나오기 쉽다.

최근에는 비스페놀 A가 내분비계 장애뿐만 아니라, 심장질환과 당뇨병 등을 유발할 가능성도 있다는 것이 보고되기도 한다. 특히 비스페놀 A의 독성은 성인보다 태아나 영유아에게 그 영향이 더 클 것으로 예상된다. 성장과 발달이 활발한 어린 시기에 비스페놀 A에 노출되면 나중에 커서 불임 등의 생식능력 이상, 전립선암 및 유방암은 물론 비만, 주의력결핍-과잉행동장애(ADHD) 등의 질환에도 걸릴 가능성이 높아질 것이라는 우려가 학자들 사이에서도 확대되어 가고 있다.

비스페놀 A는 우리가 사용하는 다양한 제품에 함유되어 있다. 투명하고 단단한 플라스틱 제품(폴리카보네이트 플라스틱)에는 비스페놀 A가 조금이라도 들어있다고 생각하는 것이 좋다. 예를 들면 젖병, 음식포장 용기, 물병 등에 비스페놀 A가 함유되어 있는 경우가 많다.

금속으로 만들어진 식음료 캔에도 비스페놀 A가 들어있다. 금속 성분인 식음료 캔이 부식되거나 녹슬지 않도록 캔안쪽을 에폭시 수지로 코팅하는데, 에폭시 수지에는 비스페놀 A가 들어있기 때문이다. 2009년 말 미국에서 19종의 대표적인 캔 식품(수프, 쥬스, 참치, 콩)을 대상으로 비스페놀 A의 함유여부를 조사를 한 결과, 거의 모든 조사대상 제품에서 비스페놀 A가 검출되기도 하였다.

비스페놀 A의 노출을 가능한 한 줄일 수 있는 방안으로는 투명하고 단단한 플라스틱 제품은 음식물 보관용기로 되도록 사용하지 않는 것이 좋다. 깨지지 않도록 관리를 잘 할 수 있다면 유리용기를 쓰는 것이 바람직하다. 플라스틱 용기에 음식물을 담아 전자레인지로 데우는 것은 비스페놀 A가 음식물에 녹아 들어갈 수도 있으니 피하도록 한다. 그리고 금속 캔류에 포장된 식품을 데우는 등의 행동은 주의하도록 하며, 금속 캔류에 포장되어 있는 액상분유의 경우, 용기에 비스페놀 A 함유 가능성이 있으므로 구매 시 주의하도록 한다.

12.3.9 플라스틱 가소제

가소제란 합성수지 또는 합성고무 등에 첨가하여 경도와 점도를 바꾸거나 물질의 특성을 개선시키는 물질을 말한다. 가소제는 플라스틱의 유연성을 증가시키며, 합성수지가 잘 휘게 된다. 프탈레이트는 플라스틱, 특히 폴리염화비닐을 부드럽게 하기 위한 가소제로 주로 사용되는 화학물질이다. 프탈레이트 물질에는 디에틸헥실프탈레이트(DEHP), 디부틸벤질프탈레이트(BBP), 디부틸프탈레이트(DBP), 디시클로헥실프탈레이트(DCHP), 디에틸헥실아디프(DEHP) 등이 있다.

프탈레이트류는 1930년대부터 사용되기 시작하여 오늘날에는 화장품, 어린이용 장난감, 주방 및 화장실의 세제, 방과 거실의 바닥재 등에 이르기까지 매우 광범위한 제품에 사용되고 있다. 프탈레이트가 사용된 제품 종류로는 비닐벽지, 테이블보, 마루타일, 가구 장식품, 샤워 커텐, 분무용 호스, 비옷, 인형, 신발, 자동차 실내장식재료, 쇼파 등에서의 스프링, 제품 커버, 전선·케이블 덮개, 의료용튜브, 혈액보관 용기 등이 있다. 또한 프탈레이트가 함유된 PVC(폴리염화비닐)는 의료시험 및 수술용 장갑 및 투석과 수혈 도구에 의해 노출될 가능성이 있다. 프탈레이트 가소제는 장난감과 같은 제품에서 화학적으로 결합되지 않은 채 불안정한 상태로 존재한다. 따라서, 제품의 수명이 다할 때까지 가소제가 지속적으로 방출될 수 있다고 보고 있다. 우리가 새 가구를 구입했을때 프탈레이트가 함유된 제품의 경우에는 구입 초기부터 노후화 될 때 까지 지속적으로 프탈레이트에 노출될 수 있는 것이다.

프탈레이트는 동물실험을 통해 생식독성 등을 유발하는 내분비계 장애가 우려되는 물질(환경호르몬)로 알려져 있다. 동물실험 결과, 쥐 몸속의 간·신장·심장·폐·혈액에 유해한 영향을 미칠 뿐만 아니라, 기형아 출산, 생식기 발달에도 영향을 미칠 수 있는 것으로 보고된 바 있다. 최근에는 대표적인 환경성질환인 아토피, 알레르기, 천식 등에도 영향을 나타낼 가능성이 있는 것으로 알려졌다.

프탈레이트는 환경 중 다양한 경로를 통해 우리 몸안으로 들어올 수 있다. 공기 중을 통하거나, 먼지에 포함된 프탈레이트를 흡입하기도 한다. 또한, 프탈레이트가 함유된 제품을 빨거나 또는 플라스틱 용기에 담긴 음식물을 섭취할 때 노출될 수 있으며, 제품을 손으로 만지는 등 제품에 몸을 접촉함으로써 노출될 수 있다. 이 가운데 경구 노출, 즉 입을 통한 프탈레이트의 노출이 가장 많다고 알려져 있다. 따라서, 음식을 보관할 때 플라스틱 용기 사용을 자제하고, 사용하더라도 제품에 표시된 안전마크 획득 제품 또는 친환경 제품을 구매하여 사용하는 것이 우선 중요하다.

12.3.10 폴리스티렌

폴리스티렌은 상온에서 무색투명한 액체로 방향성이 있는 스티렌 모노머를 중합시켜 만든 물질이다. 스티렌이 2개 합친 것을 다이머, 3개 합친 것을 트리머라고 하는데 이 스티렌 다이머와 트리머가 내분비계 장애물질로 추정되고 있다. 컵라면과 같은 일회용 식품 포장에 주로 사용되고 있으며 얼마전 컵라면 용기 실험에서 발견된 내분비계 장애물질이 이 다이머와 트리머다. 폴리스티렌은 체내의 여성호르몬인 에스트로겐의 작용에 장애를 일으키는 것으로 알려져 있다.

12.3.11 환경호르몬 일일 권고기준과 실제 섭취량

우리 국민이 하루에 섭취하는 다이옥신의 양은 세계보건기구(WHO)가 정한 권고 기준에 육박한다고 한다. 평소에 섭취하는 음식물과 호흡하는 공기 중에서 환경호르몬인 다이옥신 오염도를 조사한 결과 체중 60kg인 성인이 하루에 섭취하는 다이옥신의 양은 45.8pg(피코그램.pg=1조분의 1g)에 이른다고 밝혀졌다. 이는 체중 1kg에 하루 0.76pg으로, WHO의 권고기준인 1~4pg에 근접한 것이다. 이 조사에서는 다이옥신과 유사한 독성을 가진 일부 폴리염화비페닐(PCB) 종류는 제외한 것이기 때문에, 만

약 이것까지 합한다면 실질적으로 다이옥신의 섭취량이 더 많을 수도 있다. 일본 환경청 조사자료에 따르면 계란 1g에는 PCB가 14~65ng(1/10억g)을 포함하고 있고, 병아리는 63~210ng을 포함하고 있다고 한다.

12.4 환경호르몬에 의한 피해

12.4.1 야생동물의 피해

환경호르몬에 의한 야생 동물 웅성 생식기의 위축 및 성장의 결여가 관찰되었다는 연구보고는 상당히 많으며, 그 대상이 되고 있는 야생 동물도 복족류, 파충류 어류, 조류, 포유류 등에 걸쳐 광범위하다. 내분비계 장애로 의심되는 야생생물의 주요 사례를 <표 12-3>에 정리하였다.

표 12-3 내분비계 장애로 의심되는 야생생물의 주요 사례

<table>
<tr><td>패류</td><td>고둥</td><td>일본 해안</td><td>웅성화, 개체수감소</td><td>유기주석 화합물</td></tr>
<tr><td rowspan="3">어류</td><td>옥새 송어</td><td>영국 하천</td><td>자성화, 개체수감소</td><td>노닐 페놀</td></tr>
<tr><td>잉어</td><td>영국 하천</td><td>자웅동체화</td><td>노닐 페놀</td></tr>
<tr><td>연어</td><td>미국 오대호</td><td>갑상선 비대형성, 개체수 감소</td><td>불명</td></tr>
<tr><td>파충류</td><td>악어</td><td></td><td>음경 왜소화, 알의 부화율 저하, 개체수 감소</td><td>호수에 유입된 DDT 등 유기 염소계 농약</td></tr>
<tr><td rowspan="2">조류</td><td>갈매기</td><td></td><td>자성화, 갑상선 종양</td><td>DDT, PCBs</td></tr>
<tr><td>미국가마우지</td><td>미국 미시간호</td><td>알의 부화율 저하</td><td>DDT, PCBs</td></tr>
<tr><td rowspan="3">포유류</td><td>바다표범</td><td>네덜란드</td><td>개체수 면역기능 감소,저하</td><td>PCBs</td></tr>
<tr><td>흰 돌고래</td><td>캐나다 연안</td><td>개체수 면역기능 저하</td><td>PCBs</td></tr>
<tr><td>양</td><td>호주(1940년대)</td><td>다발성 사산, 기형 발생</td><td>클로버 유래의 식물성 에스트로겐</td></tr>
</table>

출처 : 내분비계 장애물이란, 국립환경연구원, 1998

1980년 미국 플로리다주의 아폽카 호수가 어느 화학물질 회사가 사고로 유출시킨 디코폴(dicofol) 및 DDT의 대사 산물인 DDE에 의해 오염되어 그 호수의 악어수가 반으로 줄어들었는데, 조사 결과 수컷의 음경이 정상적인 크기의 절반이하로 나타났다. 거북이가 PCB에 의해서 알의 부화수가 감소되었다거나, 거북이 알에 PCB를 바르니까 모두 암컷만 태어났다는 보고 등이 있다.

1980년 후반 영국 각지에서 수컷인지 암컷인지 판단하기 어려운 자웅동체의 물고기가 대량 발견되었다. 그 원인 물질을 규명해 보니 합성 세제, 유화제 등의 성분인 비 이온 계면활성제의 분해물인 알킬페놀이었다. 일본에서도 1996년에서 1997년에 걸쳐 도쿄의 다마강과 수미다강을 조사해 본 결과 수십ppt에서 수백ppt의 농도로 알킬페놀이 검출되었다.

DDT나 그 대사물인 DDE에 폭로된 독수리류에서 알의 부화에 장애가 일어났으며, TCDD나 PCB에 폭로된 제비갈매기에서도 같은 알의 부화 장애가 보고되었다. 갈매기의 경우에는 다산란 현상을 비롯하여 이상한 동성 짝짓기(female-female paring)가 서양갈매기에서 관찰되었다.

12.4.2 인간의 피해

대만에서 PCB에 오염된 식용유를 사용한 산모에게서 태어난 아이들 가운데 성장지연, 주의력 결핍증, 사춘기의 성기 왜소증 등이 관찰되었다. DES를 사용한 산모에게서 태어난 여아에게 희귀한 질암이 발생하고 남아에게서 성기 기형이 발생하였다. 네덜란드의 환경이 오염된 지역의 산모에게서 태어난 아이들은 상대적으로 행동과 학습의 장애가 많고 면역기능이 저하되어 있다.

영국 의학잡지(British Medical Journal)의 1992년 논문에 의하면 1940년에는 밀리리터 당 1억 1천3백 개이던 덴마크 남성의 정자 수가 1990년에는 6천6백만 개로 줄었다고 한다. 일본에서도 1998년 도쿄 근교에 사는 20대 남성의 평균 정자 수가 1밀리리터 당 4천 6백만 개로서 40대 전후 남성의 8천 4백만 개와 비교할 때 거의 절반 수준에 머물고 있다는 조사결과가 나왔다.

12.5 환경호르몬의 대처 방안

12.5.1 환경호르몬 물질 관리

우리 나라 환경부에서는 '내분비 교란물질'을 '내분비계 장애물질'로 공식명칭을 정하고 캐나다의 세계야생동물재단 목록 67종과 미국 FDA의 목록 143종을 연구대상물질로 선정하였다. 미규제 9종 가운데 자료가 확보된 펜타-노닐페놀류(공업용 세제), 비스페놀 A(음료수 캔의 내부 코팅제), 디에틸헥실탈레이트(DEHP, 플라스틱 가소제), 디부틸탈레이트(BBP)를 관찰물질로 지정하여 제조, 수입 및 용도를 신고하도록 하였다. 그러나 디시클로헥실탈레이트(DCHP), 스티렌 다이머, 스티렌 트리머, 디에칠헥실아디프 등의 플라스틱 가소제들은 전혀 규제하지 않고 있다.

12.5.2 일상생활에서의 대처방안

(1) WWF Canada(캐나다 세계야생생물기금)가 제시한 행동강령 10가지

① 먹이사슬의 초기단계에 해당하는 음식물을 섭취한다.
② 플라스틱용기에 담긴 음식물을 전자레인지로 조리하지 않는다.
③ 살충제를 사용하지 않는다.
④ 금연한다.
⑤ 폐건전지는 유해폐기물로 처리한다.
⑥ 손을 자주 씻고 마루 및 창문턱 등을 자주 청소한다.
⑦ 초강력세제의 사용을 피한다.
⑧ 수은함유제품의 사용을 피한다.
⑨ 제품설명서를 주의깊게 읽고, 그 제품의 성분 등에 대해 문의한다.
⑩ 환경중 EDCs를 저감시킬 수 있는 정책을 취하도록 요청한다.

(2) '소비자 문제를 연구하는 시민의 모임'이 제시한 생활 수칙

① 유기농산물을 먹자

국내에서 발견된 것으로 추정되는 67개 환경호르몬 가운데 41개가 농약이기 때문에 유기농산물을 먹을 것을 권장했다. 덴마크 유기농협회의 조사결과에 따르면 일반농산물을 먹는 근로자의 정자수가 mℓ당 55만개인데 반해 유기농산물과 일반농산물을 절반씩 섭취해 온 농민과 근로자의 정자수는 mℓ당 1억개로 나타났다고 한다.

② 아기에게 모유를 먹이자

일부 플라스틱 분유병의 경우 환경호르몬인 비스페놀 A를 원료로 만들기 때문에 가급적이면 아기에게 모유를 먹이는 것이 바람직하다고 한다.

③ 플라스틱 제품 사용을 줄이자

플라스틱 용기에 뜨겁고 기름기 있는 음식을 담으면 환경호르몬이 나올 수 있기 때문에 플라스틱 제품사용을 줄이도록 했다. 유아용 장난감도 천연목재 등으로 만든 제품을 골라 준다. 불가피하면 상대적으로 안전한 폴리에틸렌 폴리프로필렌 제품을 선택한다.

④ 쓰레기를 최소화하자

플라스틱, 쓰레기 등을 태우면 환경호르몬인 다이옥신이 나오고 산업폐기물 처리장의 침출수에서도 환경호르몬이 용출된다. 그러므로 쓰레기 분리수거와 부피 줄이기에 노력하여야 한다.

⑤ 플라스틱 용기를 전자레인지에서 사용하지 말자

컵라면을 전자레인지로 조리하면 안 되고, 음료수 캔을 데워 먹지 않는다. 내부 코팅제에서 비스페놀 A가 나올 수 있기 때문이다.

⑥ 염소 표백한 위생용품의 사용을 줄이자

염소를 사용한 제품을 소각할 때 다이옥신이 검출될 가능성이 크기 때문에 염소 표백한 제품의 사용도를 가급적 줄이는 것이 좋다. 휴지 등 염소제로 표백한 제품보다는 표백이 덜 된 제품이 건강에 이롭고, 소각할 때 다이옥신도 덜 나온다고 한다.

12.5.3 유기농업

현대 농경은 축적된 기술을 이용하여 이전에는 상상할 수 없는 수확량을 거두고 있다. 그러나 그에 비례하여 토양의 질 역시 현저하게 떨어져 있음을 알 수 있다. 토질오염을 일으키는 대표적인 요인은 농약이라고 할 수 있다. 더욱이 농약은 환경호르몬의 과반수를 차지하고 있음은 극명한 바이다. 따라서 토질에 피해를 주지 않으면서 수확량을 늘리는 방법을 강구하였는데, 그것이 바로 유기농업이다. 유기농업 혹은 환경농업이라 할 수 있는 방법에는 목초, 활성탄 농법, 키토산 농법, 오리 농법, 그리고 미생물 농법 등 여러 가지 것들이 있다. 11장에 기술된 유기농산물에 관련한 내용을 참고하기 바란다.

환경오염과 인간

초 판 인 쇄	2017년 08월 21일
초 판 발 행	2017년 08월 26일
초판2쇄인쇄	2025년 02월 17일
저 자	김 동 하
발 행 인	정 승 렬
발 행 처	국민대학교 출판부
주 소	서울시 성북구 정릉로 77
전 화	02-910-4242
팩 스	02-910-4240
등록년월일	1975년 6월 17일 제6-33호
인 쇄	삼아인쇄사

ISBN 978-89-7812-402-7 93530 가격 14,000원

* 잘못된 책은 교환해 드립니다.